Gewinnung und Verarbeitung von Harz und Harzprodukten

Von

Dr. Géza Austerweil und Julius Roth
Ing. Chem.   kgl. ung. Forstrat

Mit 65 Abbildungen und 1 Tafel

München und Berlin 1917
Druck und Verlag von R. Oldenbourg

Inhaltsverzeichnis.

Verzeichnis der Abbildungen.

Inhaltsverzeichnis.

Einleitung.

Das Terpentinöl und das Kolophonium gehören zu den in den ältesten Zeiten bekannten und verwendeten chemischen Produkten. Der Name »Terpentin« stammt (Flückiger, Pharmakognosie, III. Aufl., S. 77) aus dem Persischen und dürfte, als aus dem Harzsaft der im griechischen Archipel heimischen Pistazien gewonnen, vom einheimischen Namen dieser Pflanze, der »Pistacia Terebinthus L.« herrühren. Der Name Kolophonium stammt hinwieder von der kleinasiatischen Stadt Colophon.

Bereits den Ägyptern war das Terpentinöl als Destillationsprodukt des Zedernharzes bekannt. (Aetii, medici graeci. Ex Veteribus medicinae Tetrabiblos; apud Aldum Manut. Venetii 1547. fol. 10.) (Herodoti, Historiae II. 88.) Auch Kolophonium war bei den Ägyptern in Verwendung. (Pedanii Dioscoridi Anazarbei: De Materia medica libri quinque. Vol. I, p. 660 und Vol. II, p. 639. Editio Dr. Curt v. Sprengel (nach Kühn). Leipzig 1829.) Da Dioscorides ein im 1. Jahrhundert n. Chr. lebender Militärarzt war, der mit den Legionen des römischen Kaiserreiches die kleinasiatischen und nordafrikanischen Eroberungsfeldzüge mitmachte, so dürfte wohl dies die erste literarische Nachricht über Verarbeitung von Harz sein. Auch Plinius, Historia Naturalis, Lib. 15, Kap. 6 bis 7, erwähnt die Destillation von Terpentinöl, das bei den Klassikern noch den Namen Pisselaion (od. pissinum) führte. Daß die destillationsweise Verarbeitung von Harz schon im 1. Jahrhundert n. Chr., aber bestimmt im frühesten Mittelalter eine den mit derartigen Arbeiten Vertrauten allgemein bekannte Operation war, erhellt aus den apokryphen, etwa aus dem 8. Jahrhundert n. Chr. stammenden Schriften des sog. Erfinders des griechischen Feuers, Marcus Graecus, der in einem Werke: »E libro ignium ad comburendos hostes« folgenden Passus verwendet: Recipe terebinthiam et destilla per alembicum aquam ardentem quam impones in vino, cui applicandur candela et ardebit

ipsa. (Vgl. Gildemeister und Hoffmann, Die ätherischen Öle.
2. Aufl., Bd. I, S. 32.) — Vom 8. bis 12. Jahrhundert, wo eigentlich
die chemische Technik ganz in den Händen der Araber war, haben
wir nur wenige Nachrichten über die Harzindustrie; über ein spezielles
Kienöl dagegen, d. h. über das durch trockene Destillation des Wachol-
derholzes erhaltene, für Arzneizwecke verwendete Produkt berichtet
der jüngere Mesue im »Antidotarium seu Grabaddin Medicamen-
torum compositorum libri XII.« Die Schriften Mesues, der gegen
das 10. Jahrhundert lebte, wurden in einem 1502 in Venedig ge-
druckten Sammelwerke (einzelne auch schon früher (1471) veröffentlicht) der arabischen Naturforscher des früheren Mittelalters wieder-
gegeben, das von dem um die Geschichtsforschung der Chemie hoch-
verdienten schwedischen Gelehrten des 18. Jahrhunderts Torbert
Bergmann kommentiert wurde. (Historiae chemiae medium seu
obscurum aevum. Leipzig 1787, Hebenstreitsche Ausgabe.) In demselben Sammelwerke ist noch ein Hinweis auf die Terpentindestilla-
tion beim Werke des flämischen Kanonikus Johann v. Saint-Amand
aus Doornyk (Expositio Janis de Santo-Amando supra antidotarii
Nicolai), wobei aber von »Sublimation« des Terpentinöles gesprochen
wird, das als wasserklare, brennbare Flüssigkeit geschildert ist.

    Daß die Destillation des Harzes bei den Alchimisten eine im
13. Jahrhundert bereits allgemein gepflegte Operation war, geht aus den
Schriften des größten Naturwissenschaftlers, Arztes und Alchimisten
dieses Zeitalters, Arnold de Villeneuve (auch Arnoldus Villa-
novus und Arnoldus de Bachuone genannt), hervor. (Arnoldi
Villanovi Opera omnia 1505. Venedig. — Liber de Vinis, fol. 589.)
Auch der bekannteste Schüler des Arnold de Villeneuve, Raymundus Lullus (Experimenta Nova in: Bibliotheca chemica curiosa
von Manget, Genf. 1702. Vol. 5, s. 829), der ebenfalls zu den Groß-
meistern der Alchimie des 13. Jahrhunderts gehört, erwähnt die Ter-
pentindestillation. Ferner ist bekannt, daß in der damals unter eng-
lischer Herrschaft stehenden Gascogne der Chaptal de Buch, Ar-
chambault de Grailly im Jahre 1382/83 vom König Richard II.
von England die Erlaubnis erhielt, in Südfrankreich Harz auf Märkten
seines Lehens verkaufen zu lassen. Dies zeigt von einer Verallgemei-
nung der Harzdestillation, die wohl seither in jeder Alchimistenoffizin,
aber auch in jedem mit Arzneiproduktenherstellung sich befassenden
Klosterlaboratorium ausgeübt worden war, wovon auch die Schriften
der Alchimisten des 15. und 16. Jahrhunderts in ihren Werken Er
wähnung tun. So Walter Ryff, Adam Lonicer, Conrad Gessner.

J. B. Porta, Valerius Cordus usw., speziell aber Hieronymus Brunschwig in ziemlich klarer deutscher Sprache um das Jahr 1500 herum.
Im Mittelalter wurde das Harz in der Gascogne und in Thüringen
gewonnen.

Gegen Ende des 16. Jahrhunderts war bereits amerikanisches
Harz als Importware aus Amerika auf dem europäischen Markt.
Im »Calendar of State Papers — Colonial Series« Bd. I (von 1574 bis
1660) — ist ein Bericht aus Virginia aus dem Jahre 1610 angeführt
unter dem Titel: »Instructions for suche thinges as are to be sente
from Virginia«, in welchem auch Harz und Terpentin als Import-
produkte aufgezählt sind, und wo auch der Beginn eines noch jetzt
üblichen Harzungsverfahrens angedeutet ist. (Gildemeister und
Hoffmann, Die ätherischen Öle. 2. Aufl., Bd. I, S. 102, Anm.) In
der ersten Hälfte des 18. Jahrhunderts fand der Schwede Peter Kalm,
gegen Ende desselben Jahrhunderts der deutsche Arzt Dr. J. D.
Schöpf und zu Beginn des 19. Jahrhunderts der französische Bota-
niker Michaux die Harznutzung in den jetzigen Südstaaten der Vereinigten Staaten in ziemlichem Schwung. Mit der Verbreitung der
Lackfabrikation und dem Beginn der Kautschukindustrie kam die
Gewinnung und somit der Import von Harzprodukten aus Amerika
zu immer intensiverer Entwicklung. Diese Entwicklung wurde noch
gesteigert, als Terpentinöl mit Sprit gemischt unter dem Namen
Kamphin als Brennstoff in Verwendung kam (Mitte des 19. Jahrhunderts). Diese Verwendung verschwand aber mit dem Auftreten
des Petroleums.

Unterdessen ging man auch in Südfrankreich daran, die Nadel-
holzwaldungen zu vergrößern und erfolgte dies auf Anraten von
Brémontier Ende des 18. Jahrhunderts, speziell um den Flug-
sand der Dünen in dem Departement Landes zu binden. Trotzdem auch in Frankreich eine rationelle Harzungsmethode eingeführt
wurde (wodurch der Wert des geharzten Holzes gegenüber ungeharztem
im Preise stieg, vgl. Prof. Fialkowsky: Die Harzindustrie in Südfrankreich, in polnischer Sprache), gewann die französische Harzindustrie neben der amerikanischen kaum mehr als eine lokale Bedeutung. — Ähnlich steht es mit der Harzindustrie in Österreich, Polen,
Spanien und Griechenland.

Bis zu den 60er Jahren wurde in Amerika Harz nur durch Anzapfen der Bäume und zwar in mehr oder minder rationeller Art
gewonnen, während die Baumstöcke und Waldrücklässe (light wood
— wo »light« = Licht bedeutet!) durch trockene Destillation auf

1*

Kienöl und Harzteer aufgearbeitet wurden. Erst in den 60er Jahren begann Hull damit, das zerkleinerte Stockholz mit überhitztem Dampf behufs Gewinnung von Terpentinöl zu destillieren (vgl. Teeple, Journ. of the Chem. Soc. 1907, S. 812), und Leffler in demselben Jahre führte die Destillation mit gewöhnlichem Dampf ein (vgl. Kap. X). Da die Verwertung des Holzrückstandes beim damaligen Stand der Technik Schwierigkeiten bot, wurde es verfeuert. Zur trockenen Destillation konnte das vom Terpentinöl befreite Holz infolge seiner geringen Wärmeübertragung damals nicht herangezogen werden, es wurden jedoch Versuche angestellt, es zur Papierfabrikation heranzuziehen. Zu Beginn des 20. Jahrhunderts wurde dann ein altes, von Johnston im Jahre 1865 patentiertes Verfahren zur Verarbeitung von harzreichem Holz (light wood) in Amerika herangezogen, das darauf beruhte, das Holz in einem geschlossenen Kessel mit heißem Harz auszulaugen; hierbei verflüchtigt sich das Terpentinöl, das Harz durchdringt die Holzstücke und diese wurden nach der Operation zu Zwecken der Kienöldestillation verkauft. Es wurde dieses Patent in neuerer Zeit aufgefrischt (Weed, U.S.A., Pat. 804358. Pope (Davis), U.S.A., Pat. 852078), jedoch waren im Jahre 1910 von den vier gebauten Anlagen bloß nur zwei, je eine in Georgia und in North Carolina, in Betrieb. (Vgl. J. E. Teeple, »Pine Products from Pine Woods«. Vortrag gehalten in der Sekt. IV. A des VII. Intern. Chem. Kongresses in London 1910.) Auch Sägespäne wurden zur Ausdämpfung mit Dampf behufs Terpentinölgewinnung herangezogen. Im Jahre 1910 sollen bereits 30 solche Anlagen in den Vereinigten Staaten in Betrieb gewesen sein. Eine solche in Texas befindliche Anlage verwertet die terpentinfreien Rückstände zur Herstellung einer billigen Pappe.

In Georgia hat man ungefähr um dieselbe Zeit herum auch versucht, statt reinem Harz einen Kohlenwasserstoff als Harzlöser anzuwenden; aber (vgl. Teeple l. c.) es scheint, daß bei der Zirkulation zu große Verluste an diesem Kohlenwasserstoff entstanden, so daß nach einer gewissen Zeit überhaupt nur Harz als Lösungsmittel diente; dieses Verfahren ging infolgedessen automatisch in das oben geschilderte Verfahren von Johnston über.

Dieses Verfahren war ein Übergang zu den im letzten Jahrzehnt aufgekommenen Verfahren, welche die extraktionsweise Aufarbeitung der Waldrücklässe bezweckten. Es waren bis zum Jahre 1910 bereits einige derartige Anlagen versuchsweise aufgestellt worden, jedoch sagt Teeple von ihnen (l. c.), es sei verfrüht, über ihren Wert zu berichten.

(It is too soon to report of their value.) Eine Fabrik, die in Michigan Waldrücklässe von Long-leaf Pine (Pinus palustris) verarbeitete, erhielt per Cord (ca. 1600 kg) Holz eine Ausbeute von 15 Gallons rohes Terpentinöl und 250 Pfund Harz. Long (Journ. Am. Ch. Soc. 1894 (16), S. 844) berichtet auch über eine Extraktion von Pinus resinosa-Holz. Dieses ergab auf das Holzgewicht bezogen, zwischen 6,2 bis 42,6% Harz, dessen Zusammensetzung ca. 22% Terpentinöl und 77% Kolophonium betrug. Nach Ansicht Teeples lohnt sich die Industrie der Stockholzverarbeitung in den Vereinigten Staaten nur, wenn die Rückstände gut verwertbar sind und das Terpentinöl zu einem Preise über 50 Cts. pro Gallon verkauft werden kann. In einem vor der Versammlung der Amer. Inst. of Chem. Engineers im Jahre 1913 gehaltenen Vortrage teilten E. H. French und James R. Withrow mit, daß bei einer extraktionsweisen Verarbeitung von Holz mit einem Lösungsmittel von 1 Cord Holz eine Ausbeute von ca. 9½ Gallons Terpentinöl, 400 Pfund Harz und 3 Gallons hochsiedendes Terpentinöl erreicht wurde. Dies entspricht einer Ausbeute von 1,8% bis 1,9% Terpentinöl, 0,6% hochsiedendes Terpentinöl (Rohterpineol) und ca. 11% Kolophonium.

Ein Versuch, zum Teil Sägespäne, zum Teil Waldrücklässe der Schwarzföhre, (Pinus austriaca), extraktionsweise aufzuarbeiten[1]), wurde wahrscheinlich auf Grund der in Amerika gemachten Versuche von W. Majocha und D. Vasic in Busovaca, Bosnien, im Jahre 1913 gemacht, mißlang aber. Dieser Versuch wurde von der austrobosnischen Chem. Ind.-Ges. Wien-Sarajevo vor seiner Beendigung wieder aufgenommen; letztere baute auch eine zweite Anlage in Visegrad (Bosnien), ohne daß die erste Anlage in Busovaca im Betrieb fortlaufend Harz produzieren konnte; auch diese zweite Anlage konnte keine Betriebsresultate aufweisen; sie wurde infolge der Kriegsereignisse noch vor der Betriebseröffnung im Jahre 1914 zerstört.

Da der Harzgehalt der europäischen Kieferstöcke und -Wurzeln bekannt war (15 bis 20%; vgl. Klar: Die Technologie der Holzverkohlung, Braunschweig, S. 305) und durch einige Versuche ein Harzgehalt von 22 bis 32% bei einigen schönen Exemplaren der bosnischen Schwarzkieferwurzelstöcke ermittelt wurde, trat einer der Verfasser (Austerweil) an die Ausgestaltung und technische Umarbeitung des in Busovaca versuchten Betriebes heran, und gelang es, nach

---

[1]) Über Extraktion von Nadelhölzern ist auch in den Anm. S. 304 bei Klar, Die Holzverkohlung, 1910, die Rede.

Rekonstruktion der Zerkleinerungsanlagen, Ausgestaltung der Dampf-destillation des Holzkleins und des Rohharzes[1]), beide bosnischen Anlagen in fortlaufenden Betrieb zu bringen. Auf Grund der hier gemachten Erfahrungen wurde die Extraktionsanlage in Malaczka für Weißföhren- (Pinus silvestris) Waldrücklässe, Stock- und Wurzelholz, im Jahre 1916 gebaut und in Betrieb gesetzt. Die Ein-richtung wurde in solcher Weise entworfen, daß selbe ganz im Ein-klang mit dem forstlichen Betriebe steht, welcher bei inten-siver pfleglicher Wirtschaft die Harzfabrik ständig mit Rohmaterial versehen kann. Die Auslaugungsrückstände wer-den in der Zellstoffindustrie (Natronzellstofferzeugung) verwendet. Hierdurch wurde die Möglichkeit gegeben, in solchen Waldungen, wo die Stockholzrodung möglich bzw. gestattet ist, eine neue Harz-quelle zu erschließen, die wenigstens eine teilweise Unabhängigkeit Mitteleuropas von der amerikanischen Harzproduktion verspricht.

Diesem Umstande ist für die Zukunft außerordentliche Wichtig-keit beizumessen. Der Import aus Amerika beläuft sich für Deutsch-land auf ca. 8000 Waggons Kolophonium und 2000 Waggons Ter-pentinöl, für Österreich-Ungarn auf 3000 Waggons Kolophonium und 1000 Waggons Terpentinöl. Das sog. Mitteleuropa verbraucht also gewaltige Mengen dieser Produkte, deren Wert Hunderte Millionen repräsentiert.

Ganz abgesehen davon, daß die Nachhaltigkeit des ameri-kanischen Harzungsbetriebes zum mindesten unsicher ist und man in absehbarer Zeit mit einem bedeutenden Nachlassen der dortigen Ernten zu rechnen hat, hat uns der Krieg gezeigt, daß eine Unabhängigmachung unserer Industrie vom Auslande, soweit als irgendmöglich, von einschneidender Bedeutung ist, daß Rohstoff-erzeugung Staatsbürgerpflicht sei, und daß die Ausfuhr jeden Hellers, der dem Lande erhalten werden kann, zu verhindern unser höchstes Bestreben sein muß.

Es tritt somit an die Forstwirte die Aufgabe heran, den Wald überall dort, wo die forstlichen Interessen dies gestatten oder ver-langen, dem Harzungsbetriebe zu eröffnen und den in unseren Nadelholzforsten lagernden Reichtum an Harz auszunutzen, an die Chemiker aber, diese Schätze in bester Weise aufzuarbeiten und die möglichst weitgehende Verwendung zu ermitteln.

---

[1]) Letztere ist besonders schwierig.

Literatur.

A. Selbständige Werke.

Andés, Die Harzprodukte. Wien-Leipzig 1905.
Bert, Notes sur les Dunes de Gascogne. Paris 1900.
Boppe, Technologie forestière, 1887.
Dammer, Chem. Technologie der Neuzeit. Stuttgart 1911.
Eckert-Lorenz, Handbuch der Forstwirtschaft. Wien 1903.
Forestry of Japan. Tokyo 1910.
Gayer-Mayr, Die Forstbenutzung. Berlin 1909.
Gildemeister und Hoffmann: Die ätherischen Öle. 3 Bde. Leipzig 1910.
Hempel, Taschenkalender für den Forstwirt. Wien 1916.
Klar, Technologie der Holzverkohlung. Braunschweig 1910.
Lorey-Wagner, Handbuch der Forstwirtschaft. Tübingen 1912.
Mathey, Traité d'exploitation commercielle des bois. Paris 1908.
Mayr, Das Harz der Nadelhölzer. Berlin 1894, Springer.
Mohr, The timber pines of the Southern United States 1897.
Thenius, Die Harze und ihre Produkte. Wien-Pest-Leipzig 1895.
Tschirch, Die Harze und die Harzbehälter. Leipzig 1906.
Wehmer, Die Pflanzenstoffe. Jena 1911.
Wiesner, Die Rohstoffe des Pflanzenreiches. Leipzig-Berlin 1914.

B. Zeitschriften und Mitteilungen.

(Diese wurden teilweise im Text berücksichtigt und hier nicht gesondert angeführt.)
Augustin, A francia terpentin hazája. Gyógyszerészeti értesitő. 1913. 3. Heft. Budapest.
Cieslar, Die Harznutzung und deren Möglichkeiten in Österreich. (Zentralblatt für das gesamte Forstwesen 1916.)
Duchemin, Carbonisation, distillation du bois, gemmage etc. Compte rendu des travaux du Congrès forestier international. Paris 1913.
Gomberg, United States Department of Agriculture. Forestry Division. Bulletin 81. 1893.
Herrmann, Zur Theorie der Harznutzung. Deutsche Forstzeitung 1916, Nr. 32.
Herty, A new method of turpentine Orcharding. (United States Department of Agriculture.) Washington 1903.
Hindenburg, Enttäuschungen bei der Harzgewinnung. Deutsche Forstzeitung 1916, Nr. 29.
Hollendonner, A fenyőfélék fájának összehasonlító szövettana. Budapest 1913.
Jedlinski, Einiges über die Harznutzung im österr.-ungar. Okkupationsgebiete Polens. Österr. Forst- u. Jagdzeitung 1916, Nr. 39.
Jugoviz, Über die Harzung der Weißföhre in Steiermark. Österreichische Forst- und Jagdzeitung 1916, Nr. 29.
Kubelka, Die Harznutzung in Österreich. Wien 1914. Mitteilungen aus den forstlichen Versuchswesen Österreichs.
Die Harznutzung in Österreich. Österr. Forst- und Jagdzeitung 1916, Nr. 8.

Kubelka, Gewinnung des Rohharzes der Weiß- und der Schwarzkiefer. Österr. Forst- und Jagdzeitung Nr. 33.

Moeller, Technische Verbesserungsvorschläge zur Balsamharzgewinnung. Deutsche Forstzeitung Nr. 37.

Mohl, Die Gewinnung des venetianischen Terpentins. Bot. Zeitschrift 1859.

Petraschek, Zur Harzungsfrage. Naturwissenschaftliche Zeitschrift für Forst- und Landwirtschaft 1916, Heft 5.

Petraschek, Eine neue Methode der Harzgewinnung. Österr. Forst- und Jagdzeitung 1915, Nr. 5, 12, 20.

Reichert, Die Harzprodukte, Kolophonium und Terpentinöl in ihrer Bedeutung für das Wirtschaftsleben. Österr. Vierteljahresschrift für Forstwesen. Wien 1916. Bd. I.

Schorger and Betts, The Naval Stores industry. United States Department of Agriculture. Bulletin 229. Washington 1915.

Schwalbe, Harz und Terpentin aus deutschem Walde. Zeitschrift für Forst- und Jagdwesen 1916, Heft 3.

Seckendorff, Beiträge zur Kenntnis der Schwarzföhre. (Mitteilungen aus dem forstlichen Versuchswesen Österreichs. Wien 1881.)

Stöger, Über die Harzung der österr. Schwarzföhre. (Mitteilungen aus dem forstlichen Versuchswesen Österreichs. Wien 1881.)

Strohmeyer, Der Weißtannenbalsam und die Technik seiner Gewinnung. Naturwiss. Zeitschr. f. Forst- u. Landwirtschaft 1916, Heft 9.

Tubeuf, Harzungsfragen. Naturwiss. Zeitschrift f. Forst- und Landwirtschaft 1916, Heft 7—8.

Wislicenus, Zur einheimischen Balsamharzgewinnung etc. Deutsche Forstzeitung. H. 27. 1916. Tharandter forstl. Jahrbuch. 1916.

C. Patente.

Die reichhaltige Patentliteratur wird meist im Texte berücksichtigt, doch seien hier die wichtigsten amerikanischen Patente von 1901 bis 1916, soweit sie auf die extraktionelle Verarbeitung von Kienholz Bezug haben, angeführt:

	U.S.A.-Pat.		U.S.A.-Pat.
W. H. Krug	Nr. 746850	Darrin	Nr. 839119
J. G. Molonee	» 766707	Rasche	» 850098
W. Hoskins	» 770643	Pope	» 852078
Clark & Harris	» 771859	Mc Kenzie	» 852236
J. G. Mollone	» 781733	Thompson & Newson	» 862680
Sibbitt & Lean	» 792934	Quinker	» 900203
Craighill & Kerr	» 800905	Hough	» 903471
Weed	» 804358	Waterman	» 1099779
Gardner	» 808035	Castona	» 1098312
Craighill & Kerr	» 817960	Castona	» 1111644
Snyder	» 821264	Clope	» 1112359
Mc Millan	» 827554	Hoch	» 1127452
Hale & Kürsteiner	» 828474		

Erstes Kapitel.

Die Chemie der Harzprodukte.

Das Harz der Nadelhölzer ist ein aus frischen Wunden dieses Nadelholzes hervorquellendes balsamartiges Produkt, welches sich im lebenden Baume in Kanälen zwischen den verschiedenen Zellen des Holzgewebes befindet und welches bei der Verwundung dieses Pflanzengewebes durch den osmotischen Druck der umgebenden Zellen herausquillt oder aus dem Holz durch Lösungsmittel entzogen wird.

Dieses Harz besteht zu geringerem Teile aus flüchtigen Terpenkohlenwasserstoffen und Terpenderivaten (Terpentinöl) und zum größeren Teile aus festen oxydierten Terpenderivaten (Kolophonium). Das Verhältnis zwischen den festen und flüssigen Produkten ändert sich je nach der Holzart.

So sind im Balsam des stehenden Baumes:

bei der Kiefer[1]). . . . 33,1% Terpentinöl
» » Lärche . . . . 38,2%   »
» » Fichte . . . . 32,4%   »
» » Tanne . . . . 60,0%   »

enthalten. (Vgl. Mayr, Das Harz der Nadelhölzer, S. 81.)

Terpentinöl.

Das Terpentinöl ist der flüchtige, flüssige Teil des Harzes. Das Terpentinöl ist eine farblose bis gelbe, typisch riechende, flüchtige, brennbare Flüssigkeit, die leichter wie Wasser (spez. Gew. 0,858 bis 0,880) ist und besteht je nach der Ursprungsholzart, wie oben gesagt, meistens aus Terpenkohlenwasserstoffen, hauptsächlich Pinen beider Modifikationen, dann Limonen, Dipenten, Sylvestren und sehr selten Kamphen und Phellandren, endlich spurenweise aus Terpenalkoholen.

---

[1]) Diese Angabe bezieht sich unbedingt auf Weißkiefer.

All diese Terpenkohlenwasserstoffe haben die chemische Formel $C_{10}H_{16}$ und unterscheiden sich voneinander nur im optischen Drehungsvermögen, in der Lichtbrechung, wenig im Siedepunkt und in den physikalischen Eigenschaften der Derivate. Der Geruch der Produkte ist ziemlich verwandt.

Das Pinen kommt in zwei Modifikationen vor:

α-Pinen oder gewöhnliches Pinen und

β-Pinen oder Nopinen.

Beide kommen sowohl optisch inaktiv, wie auch in beiden optisch aktiven Modifikationen vor. Die verschiedenen optischen Drehvermögen der Terpentinöle derselben Herkunft sind auf verschiedene Mischungsverhältnisse der optisch verschieden aktiven Pinenkomponenten zurückzuführen.

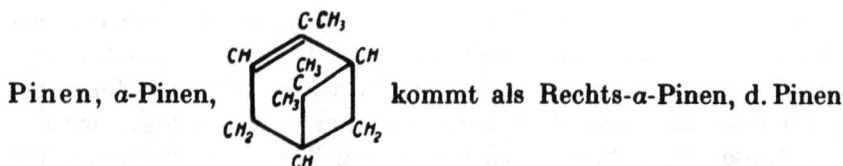

Pinen, α-Pinen,   kommt als Rechts-α-Pinen, d. Pinen

im amerikanischen und griechischen Terpentinöl und in den Kiefernölen aus Mitteleuropa vor. Sein Siedepunkt ist: 155 bis 156 ° C; Dichte: 0,858 bei 20 °; optischer Rotationswinkel: $a_D = +48,4$; Brechungsexponent $N_{D25°} = 1,465$ bis 1,466.

Als Links-α-Pinen, l. Pinen, kommt es hauptsächlich im französischen Terpentinöl vor, ferner im Fichtenterpentinöl; sein Siedepunkt ist etwas höher als der des Rechts-α-Pinens: 157 ° C; auch die Dichte ist etwas höher: 0,862 bei 19 ° C; die optische Drehung beträgt: $a_{D19°} = -48,63°$. Die meisten Terpentinöle, bei denen Pinen als Bestandteil vorkommt, enthalten es als Gemisch beider optisch aktiver Modifikationen.

α-Pinen hat einige typische Reaktionen; es ist sehr unstabil und geht bei höherer Temperatur (250 bis 270°) sowie mit Säuren in Dipenten über; es oxydiert sehr leicht zu Pinolhydrat, dann zu dem bekannten stark riechenden Pinol. Mit Permanganat entsteht Pinolsäure. Mit verdünnten Säuren bildet sich Terpinhydrat $C_{10}H_{16}(OH)_2$, $2H_2O$, Schmelzpunkt 116°. Mit Salzsäure gibt es Pinenhydrochlorid, das als Ausgangspunkt für die Kampfersynthesen gilt.

Mit Amylnitrit und Salzsäure gibt es in der Kälte das typische Pinennnitrosochlorid vom Schmelzpunkt 103°. Aus dieser Verbindung läßt sich mit alkoholischem Kali Salzsäure unter Bildung von Nitrosopinen, Schmelzpunkt 132°, abspalten. Dasselbe entsteht mit sekundären organischen Basen. Mit Basen der Fettreihe, z. B. Piperidin, bildet es Nitrolamine. Das Pinennnitrolpiperidid schmilzt bei 118 bis 119°.

Das Nitrosochlorid entsteht leicht nur aus optisch inaktiven Pinen.

Pinen addiert Ozon unter Bildung von Ozoniden, die bei der Spaltung mit Wasser Pinonsäure geben.

Nopinen, β - Pinen, 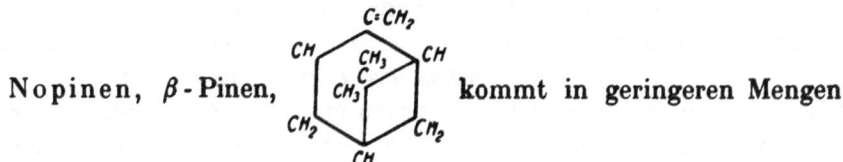 kommt in geringeren Mengen

neben Pinen in den Terpentinölen vor und unterscheidet sich von letzteren durch den weit höheren Siedepunkt, der 164 bis 166° C beträgt. Es ist in beiden optischen Modifikationen bekannt. Es gibt kein Nitrosochlorid; mit Salzsäure gibt es ein Gemisch von Bornylchlorid und Dipentendichlorhydrat. Bei der Oxydation mit $KMnO_4$ entsteht Nopinsäure vom Schmelzpunkt 126° C.

Limonen 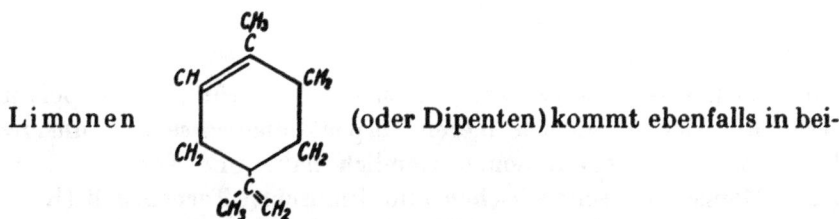 (oder Dipenten) kommt ebenfalls in bei-

den optischen Modifikationen in den Terpentinölen vor; es ist eigentlich aber der typische Terpenkohlenwasserstoff der Aurantia-Arten. Im optisch inaktiven Zustand heißt es Dipenten. Bei genügender Reinheit ist für diesen Terpenkohlenwasserstoff der zitronenartige Geruch charakteristisch. Der Siedepunkt des Rechts-Limonens (d.-Limonen) ist 175° bis 176° C; spez. Gew.: $d = 0,850$; $N_{D20} = 1,475$; der optische Rotationswinkel beträgt: $a_D = +125° 36'$; für Links-Limonen (l.-Limonen) sind diese Zahlen: Spez. Gew.: $d = 0,846$ bis $0,847$; Siedepunkt: 176,5°; optischer Rotationswinkel: $a_D = -101°$ bis $-119°$; Brechungsexponent $N_{D20} = 1,473$. Die typischeste Reaktion des Limonens ist die Aufnahme von 4 Atomen Brom unter Bildung eines bei 104 bis 105° schmelzenden Limonentetrabromides.

Das Nitrosochlorid entsteht ähnlich wie bei Pinen; die beiden optischen Isomeren können durch Chloroform getrennt werden, worin sie verschieden löslich sind. Durch Oxydation entsteht Limonetrit, ein 4wertiger Alkohol vom Schmelzpunkt 191°.

Das Dipenten oder inaktive Limonen ist diejenige optische Form des Limonens, welche am häufigsten in den Terpentinölen vorkommt. Seine Formel ist identisch mit der Limonenformel.

Es ist eines der stabilsten Terpene, da die meisten anderen Terpenkohlenwasserstoffe durch thermische Isomeration in Dipenten übergehen. Es ist auch ein thermisches Zersetzungsprodukt des Kautschuks. Seine physikalischen Konstanten, bis auf die optischen Konstanten, sind identisch mit denen der optisch aktiven Isomeren. Einen Unterschied von diesen bildet das Dichlorhydrat, das bei 50° schmilzt, ferner, daß das Tetrabromid des Dipentens bei 124° bis 125° schmilzt.

Sylvestren 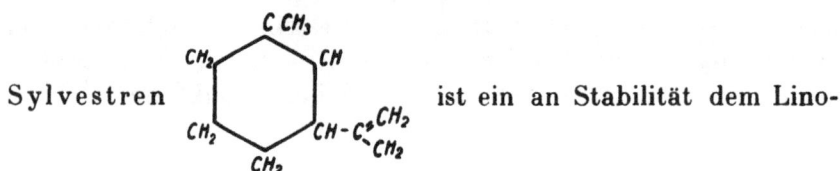 ist ein an Stabilität dem Linonen noch überlegenes Terpen, das sich beim Erhitzen nur polymerisiert, ohne sich in einen isomeren Terpenkohlenwasserstoff umzuwandeln. Es steht dem Limonen ziemlich nahe und kommt in ziemlichen Mengen im schwedischen und finnischen Terpentinöl (Kienöle) vor, aber auch im russischen. Die physikalischen Konstanten des Sylvestrens sind: Siedepunkt 176° bis 177°; spez. Gew. $d = 0,848$ bis 0,851; optischer Rotationswinkel $a_D = +66,32°$ (in Chloroform); Brechungsexponent: $N_{D20} = 1,4767$. Seine typischen Verbindungen sind: das bei 106 bis 107° C schmelzende Nitrosochlorid, ferner das bei 72° schmelzende Dichlorhydrat, das im Gegensatz zu den Limonenhalogenhydraten, die auch aus optisch aktiven Modifikationen nichtaktiv entstehen, optisch aktiv ist. Sein Tetrabromid schmilzt bei 135 bis 136° C.

Phellandren kommt zwar sehr selten, aber doch in einigen Terpentinölen vor (Bergkiefer-Terpentinöl); es existiert dort in zwei Modifikationen: α- und β-Phellandren, deren Formeln die folgenden sind:

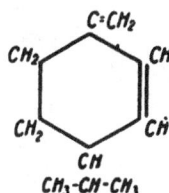

$$C{:}CH_2$$
$$CH_2 \qquad CH$$
$$CH_2 \qquad \overset{\cdot}{C}H$$
$$CH$$
$$CH_3\text{-}CH\text{-}CH_3$$

Das Phellandren ist ein äußerst unbeständiges, leicht nach Fenchel riechendes Terpen. Es kommt sowohl in rechts-, wie in links-Modifikationen der α- und β-Art vor.

Die physikalischen Konstanten sind für l.-α-Phellandren: Siedepunkt: 173 bis 175°; bei 5 mm 50° bis 52°; spez. Gew.: $d = 0{,}878$; optischer Rotationswinkel: $a_D = -84° 10'$; Brechungsexponent: $N_{D20} = 1{,}477$; für d.-α-Phellandren: Siedepunkt 175° bis 176°; bei 4 mm 44° bis 45°; spez. Gew.: $d_{15°} = 0{,}856$, $a_D = +40° 40'$; für d.-β-Phellandren: Siedepunkt 57° bei 11 mm; Sp. G. $d_{20} = 0{,}852-0{,}848$, $N_{D20} - 1{,}4788$; $a_D = +14° 15'$.

Beim Erwärmen auf Siedetemperatur polymerisiert sich das Phellandren oder setzt sich in Dipenten oder Terpinen um; dies erfolgt auch durch verdünnte Säuren. Ein typisches Derivat für dieses Terpen ist das Phellandrennitrit, ein Additionsprodukt von N_2O_3 an Phellandren in der Kälte, dessen Schmelzpunkt 112° beträgt. Durch Oxydation und verdünntes Permanganat entsteht aus Phellandren ein dickflüssiges, bei ca. 155° siedendes Glykol.

Schließlich kommt noch der aromatische Kohlenwasserstoff Cymol, $C_{10}H_{14}$, in geringen Mengen in einigen Terpentinölen vor.

In den aus Balsamharzen gewonnenen Terpentinölen kommen andere Terpenkohlenwasserstoffe nicht oder äußerst selten vor. Da aber Terpentinöl auch durch Wasserdampfdestillation von Holz gewonnen wird (sog. Holzterpentinöl), vgl. Kap. X, so muß bemerkt werden, daß in dieser Terpentinölart außer den angeführten noch Kamphen und Terpinen als Terpenkohlenwasserstoffe und auch oxydierte Kohlenwasserstoffe, d. h. Terpenalkohole (Terpineol, Fenchylalkohol), Cineol, sowie Kamphen und Methylchavicol vorkommen.

Kamphen ist der einzige feste Terpenkohlenwasserstoff; er kommt in aus Holz durch Dampf abgetriebenen Terpentinölen vor.

Seine typischen physikalischen Konstanten sind: Schmelzpunkt: 48^0 bis 49^0; Siedepunkt 159^0 bis 161^0; Dichte: $d = 0{,}842$ bis $0{,}850$; N_{D48} = 1,4555; die optische Aktivität schwankt je nach dem Ursprung; es kommt sowohl in der links- wie auch in der rechts-Modifikation vor. Als typische Reaktion für Kamphen gilt, daß es Halogen-wasserstoffsäuren addiert; das Hydrobromid schmilzt bei 91^0, das Hydrochlorid bei 155^0. Mit Chromsäure läßt es sich zu Kampfer oxydieren. Mit Eisessig und verdünnter H_2SO_4 geht es in Isoborneol in der Kälte über (Reaktion von Bertram und Wahlbaum).

Terpinen ist dem Dipenten sehr ähnlich und kommt in drei Modifikationen vor. Es findet sich in den Holzterpentinölen und hat folgende physikalische Eigenschaften: Siedepunkt: 174^0 bis 179^0; Sp. G.: $d = 0{,}842$; $N_{D20} = 1{,}4719$. Seine charakteristischeste Verbindung ist das Nitrosit; Schmelzpunkt 155^0. Nitrosochloride gibt es nicht. Es addiert Salzsäuregas unter Bildung des bei 52^0 schmelzenden Terpinenhydrochlorides. Die drei verschiedenen Modifikationen geben drei verschiedene Oxydationsprodukte.

Terpenalkohole.

Die Terpenalkohole kommen als Terpentinölbestandteile nur in den Holzterpentinölen vor.

Terpineol, $C_{10}H_{18}O$, kommt in drei verschiedenen Modifikationen vor und ist das dem Dipenten entsprechende Terpenalkohol, von dem es sich nur durch die Addition eines Moleküls Wasser an die verschiedenen Doppelbildungen unterscheidet. Jede Modifikation kommt in rechts-, sowie in linksdrehender Form, endlich inaktiv vor.

Das a-Terpineol ist fest, hat den Schmelzpunkt 42^0 und den Siedepunkt 218^0 bis 219^0. Es gibt mit N_2O_3 und Salzsäure ein Nitrosochlorid, mit Brom gibt es Additionsprodukte. Das Nitrosochlorid schmilzt bei 112 bis 113^0, das Nitrolpiperidin bei 151^0 und 160^0, je nachdem es aus optisch inaktiven oder optisch aktiven Produkten entstanden ist.

Das Terpineol riecht nach Flieder und zwar das β-Terpineol, das nur flüssig bekannt ist, mehr als das feste a-Terpineol.

β- und a-Terpineol kommen in der Natur sonst als im Holzterpentinöl nicht vor, werden aber von der Riechstoffindustrie in großen Mengen erzeugt.

Fenchylalkohol ist in der Natur nur in dem

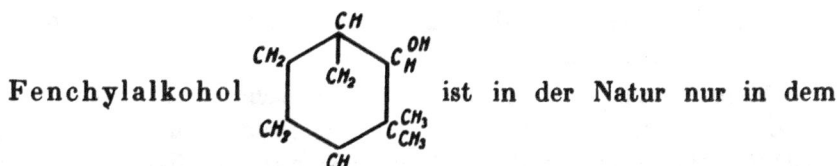

aus Wurzelstockholz gewonnenen Terpentinöl gefunden worden. Es entsteht auch durch Hydratation von französischem Terpentinöl als Nebenprodukt. Seine physikalischen Eigenschaften sind: Siedepunkt 201°; spez. Gew.: $d = 0,933$; Schmelzpunkt: 45°. Das aus Stockholzterpentinöl isolierte Fenchylalkohol ist optisch inaktiv. Durch Oxydation ergibt es das dem Kampfer ähnliche Aldehyd Fenchon. Dieses kann auch zu seiner Charakterisierung benützt werden.

Cineol, Kampfer und Methylchavikol sind nur spurenweise im Holzterpentinöl vorhanden.

Kolophonium.

Dieses Produkt entsteht, wenn man aus dem eingangs erwähnten Rohharz die flüchtigen Bestandteile, das Terpentinöl, durch Destillation entfernt. Der Destillationsrückstand ist das Kolophonium, eine klare, amorphe, fast geruchlose, weiße bis dunkelbraune, sehr spröde feste Masse mit typischen muscheligen Bruch.

Lange Zeit galt das Kolophonium als ein mehr oder minder verunreinigtes Anhydrid der sog. Abietinsäure, doch scheint dies nicht der Fall zu sein, vielmehr ist Kolophonium nichts anderes als ein mehr oder minder mit festen Terpenderivaten (Oxyden, Resen) verunreinigtes Gemisch verschiedener isomerer oder polymerer Terpensäuren, sog. Abietinsäuren, die voneinander so wenig unterschieden sind, daß man sie unter dem gewöhnlichen Sammelnamen Abietinsäure bezeichnen kann.[1]) Früher gab man diesen einzelnen Abarten der Abietinsäure Spezialnamen wie Sylvinsäure, Pimarsäure usw.

Daß das Kolophonium kein Anhydrid der Abietinsäure ist, wurde oft behauptet, genau wieder erst in letzter Zeit (Chem.-Ztg. 1916, S. 791 [Cohn]) nachgewiesen.

---

[1]) Vgl. Fahrion, Ztschr. f. ang. Chemie 1901, S. 1197; 1904, S. 239. Schkatelow, Moniteur Sc. Quesneville 1908 (22.) I, S. 217. Cohn, Chem.-Ztg. 1916, S. 791. Fahrion weist für das amerikanische, Schkatelow für das Weißkieferkolophonium nach, daß sie aus einer in verschiedenen opt. Modifikationen vorhandenen Säure, Abietinsäure, bestehen. Zu diesem Resultate gelangte früher schon Maly, Ber. Wiener Ak. 1861 (44), S. 121 und Ann. Chem. 1864 (129), S. 94. All dies wurde in der angezogenen Stelle von Cohn bestätigt und steht im Widerspruch mit Tschirchs diesbezüglichen Arbeiten.

Jedenfalls schwankt die Zusammensetzung des Kolophoniums je nach seinem Ursprung.

Abietinsäure ist ein in seinen Eigenschaften den gewöhnlichen hohen Fettsäuren ziemlich nahestehendes Produkt der Formel $C_{19}H_{29}$ COOH. Die Synthese der Abietinsäure aus den Estern der Nopinsäure ausgehend, soll in letzter Zeit Professor Semmler gelungen sein. Die physikalischen Konstanten sind: Spez. Gew.: $d = 1,07$ bis 1,08; Erweichungspunkt nach Krämer-Sarnow: 60° bis 80°; Schmelzpunkt: ca. 100°; nach mehrmaligem Umkristallisieren 126° bis 162° C.

Die von früheren Autoren gefundenen verschiedenen Säuren des Kolophoniums (Sylvinsäure, Pimarsäure usw.) dürften mehr oder minder optisch aktive Modifikationen der Abietinsäure oder deren Isomere sein. Auch dürften hochschmelzende Oxydationsprodukte im Kolophonium beigemischt sein. Die Abietinsäure ist löslich in allen organischen Lösungsmitteln, jedoch typisch weniger löslich in Petroläther.[1])

Die Abietinsäure ist leicht aus Rohharz durch heißes Ausziehen mit 85proz. Alkohol zu gewinnen, indem man den Rückstand einer öfteren Umkristallisation unterwirft. Rein läßt sie sich auch durch Auflösen von Kolophonium in verdünntem Alkohol und Ausfällen mit Salzsäuregas gewinnen.

Die Ähnlichkeit mit den Fettsäuren zeigt sich in dem Verhalten der

Salze der Abietinsäure.

Diese sind in vielen Beziehungen den Seifen sehr ähnlich und die Alkalisalze werden im allgemeinen technischen Sprachgebrauch mit dem Namen von Harzseifen bezeichnet.

Das meistbekannte und verwandte harzsaure Salz ist das abietinsaure Natron (Papierleim). Dieses kann hergestellt werden, wenn man Abietinsäure in Wasser suspendiert und konzentrierte Natronlauge im Überschuß zusetzt. Es fällt ein weißes Pulver, abietinsaures Natron, aus. Das Pulver kann in heißem Wasser zu einer schleimartigen Masse gelöst werden. Diese Lösung, die in der Papierindustrie zum Leimen des Papieres verwendet wird, entsteht auch direkt aus

---

[1]) Die Abietinsäure neigt stark zur Autoxydation. Vgl. Fahrion l. c. Die Oxydationsprodukte sind diejenigen, welche dann ganz unlöslich in Petroläther werden.

Kolophonium, wenn dieses in der Wärme in verdünnter Natronlauge oder Sodalösung aufgelöst wird.

Das abietinsaure Natron läßt sich aus verdünntem Alkohol mit 4 Molekülen Kristallwasser in Kristallform abscheiden. Die Lösung von abietinsaurem Natron in Wasser gestattet, Emulsionen mit bis 20% Kohlenwasserstoffen usw. zu erzeugen ·und dürfte auch als Schutzkolloid eine weite Verwendungsmöglichkeit haben.

Das abietinsaure Kali entsteht ähnlicher Weise und hat ähnliche Eigenschaften wie das Natronsalz.

·Das abietinsaure Ammoniak gestattet die Herstellung eines besonders zähen Schleimes, der noch bei 4 bis 5% NH_3-Gehalt in wässeriger Lösung eine sehr zähe Konsistenz besitzt.

Die sauren Alkalisalze der Abietinsäure sind kristallisiert. Die Salze der Erdalkalien ähneln in ihrem Habitus den Erdalkalisalzen der höheren Fettsäuren. Sie werden ebenfalls in ausgedehntem Maße in der Industrie, speziell in der Lackfabrikation benützt.

Abietinsaurer Kalk. Dieses Salz entsteht, wenn man Kolophonium schmilzt und die Schmelze portionenweise mit der äquivalenten Menge gelöschten Kalks (gewöhnlich ca. 5 bis 8%) versetzt, wobei wegen intensiven Schäumens besonders aufgepaßt werden muß. Das Salz läßt sich aus verdünntem Alkohol schön umkristallisieren. Abietinsaurer Kalk — sog. gehärtetes Harz oder Harzkalk — wird in der Industrie, speziell in der Lackfabrikation zur Kunstfirnisbereitung, dann zum Härten von Pechen, von Paraffin etc. benützt. Es ähnelt in seinen Eigenschaften dem fettsauren Kalk; auch die anderen Erdalkalisalze der Abietinsäure sind bekannt.

Die Schwermetallsalze der Abietinsäure finden ebenfalls eine weitgehende Verwertung in der Industrie, speziell in der Lackindustrie und in der Imprägnierungstechnik, da sie durch Autoxydation, die der Kolophoniummolekel eigen ist, als Oxydationskatalyte wirken; sie werden hergestellt, indem wässerige Lösungen von abietinsaurem Ammoniak mit entsprechenden wässerigen Lösungen der Schwermetallsalze behandelt werden oder aber, wie der abietinsaure Kalk, indem geringe Mengen (weniger als die Äquivalentmenge) Schwermetalloxyde oder Oxydhydrate in schmelzendem Kolophonium aufgelöst werden.

Abietinsaures Kupfer, ein grünes Salz, entsteht, wenn man Kolophonium in verdünntem Ammoniak löst, die Lösung aufs Trockene verdampft, den Rückstand (abietinsaures Ammon) in Wasser aufnimmt und mit Kupfersulfat fällt. Das ausfallende abietinsaure Kupfer wird

mit Wasser gut ausgewaschen; es löst sich leicht in Äther, weniger
in Alkohol, gar nicht in Methylalkohol. Bei der Herstellung kann mit
letzterem gut ausgewaschen werden. Seine Hauptverwendung liegt
auf dem Gebiete der Unterwasserfarben, also speziell für Schiffs-
anstriche. Denselben Zwecken dient das abietinsaure Quecksilber (weiß), welches analog dem abietinsauren Kupfer, aber mit
Quecksilberchlorid (Sublimat) hergestellt wird.

Das abietinsaure Eisen (gelb) wird auf dieselbe Art hergestellt
wie das abietinsaure Quecksilber. Es dient hauptsächlich zur wasser-
festen Imprägnierung besonders für Kartons, Pappe usw. Neuerdings
hat man auch für die Zwecke der Lackfabrikation das Cersalz der
Abietinsäure herzustellen versucht und zwar auch als Oxydations-
katalyt. — Mit dem Zirkonsalz der Abietinsäure dürften ebenfalls entsprechende Resultate zu erzielen sein. Auf gleiche Weise kann
man die anderen in der Technik verwendeten Schwermetalle der Abietinsäure, also die Blei-, Kobalt- und Mangansalze herstellen. Diese
werden in der Lackindustrie als Sikkative (Oxydationskatalysatoren)
gebraucht und in der Großindustrie derart erzeugt, daß man das
Kolophonium schmilzt, und geringere als den Äquivalentwerten entsprechende Mengen an Bleioxyd, Mennige, Kobaltoxyd, Manganoxyd
oder Oxydul dem im Schmelzfluß befindlichen Harze zusetzt. Hierdurch bilden sich etwa saure Salze der Abietinsäure, welche sich
dann in organischen Lösungsmitteln leicht lösen und als Sikkative
(Trockenmittel) in der Lackfabrikation zur Verwendung gelangen,
da durch Zusatz geringer Mengen dieser Salze eine Leinölschicht sehr
rasch eintrocknet.

Das abietinsaure Chromoxyd, das sowohl auf nassem, wie
auch auf trockenem Wege hergestellt werden kann, dient im Gemisch
mit anderen Chromderivaten in verdünnter Lösung zum Passivieren
von Eisen und ist, gelöst an sich allein oder in Verbindung mit Farben,
ein vorzügliches Rostschutzmittel.

Ester der Abietinsäure. Das gelbe Äthylabietinat entsteht
durch Behandeln von abietinsaurem Silber mit Jodäthyl.

In der Technik, speziell in der Lackindustrie, werden die sog.
Harzester in ziemlich großen Mengen verwendet; diese werden
erzeugt, indem geschmolzenes Harz, Kolophonium (oder Kopale) mit
5 bis 10% ihres Gewichtes an Glyzerin oder Zucker gemischt und
bei einer gewissen Temperatur (ca. 300° C) erwärmt werden. Ob eine
Esterifikation oder ein anderer Prozeß hierbei auftritt, ist derzeit
noch unbekannt.

Die Verwendung der beiden Harzprodukte: Terpentinöl und Kolophonium ist eine sehr verbreitete. Das Terpentinöl wird in der Lack- und Farbenindustrie als Lösungsmittel, in der Industrie der künstlichen Riechstoffe, sowie des synthetischen Kampfers und synthetischen Kautschuks als Rohmaterial verwendet (vgl. XII. Kap.). Das Kolophonium dient hauptsächlich zum Leimen des Papiers als Natronsalz, dann in der Brauindustrie zur Herstellung von Brauerpech, in der Seifenindustrie, in der Kabelindustrie als Zusatz zu verschiedenen Wachs- und Pechsorten, in der Lackindustrie allein und als Salz, in der Siegellackindustrie, in der Munitionsindustrie, in der Farbenindustrie (Druckerschwärze).

Es dient ferner als Rohmaterial zur Erzeugung von Harzölen, von Wagenfetten, für konsistente Fette usw., es steht in Verwendung als Geigenharz, ferner als Riemenfett, als Fliegenleim usw.

Auf die Industrien, die sich auf diese beiden Produkte aufbauen, wird im XII. Kapitel noch genauer eingegangen werden.

Zweites Kapitel.

Die Entstehung und die Verteilung des Harzes im Baumstamme. Der Harzfluß.

Diese Fragen wollen wir nur der Vollständigkeit halber und nur ganz kurz berühren, uns hauptsächlich auf das beschränkend, was zur Beleuchtung der Harzung des lebenden Baumes und des toten Holzmateriales beiträgt.

Wir wollen nur die im mitteleuropäischen Walde vorkommenden Nadelholzarten in Betracht ziehen, in erster Reihe die bestandbildenden, d. h. jene, die große zusammenhängende Flächen bedecken und somit die Grundlage zu einer Großindustrie zu bilden imstande sind. Dies sind die Weiß- und Schwarzkiefer und die Fichte[1]; außerdem kommen

---

[1] In den verschiedenen diesbezüglichen Fachschriften finden wir leider große Abweichungen in der Nomenklatur.

Wir wenden die in forstlichen Kreisen allgemein benutzten Namen an und erwähnen hier die Synonyme derselben:

Weißkiefer oder Weißföhre = Pinus silvestris L., gemeine Kiefer, Rotkiefer.
Schwarzkiefer oder Schwarzföhre = Pinus nigra Arn., Pinus austriaca Höß; vom Standpunkte der Harznutzung sind hierher zu rechnen: P. laricio Poir. (corsicana), calabrica Delam., Pallasiana Lamb., monspeliensis Salzm.

2*

noch in Betracht: die Lärche und die Tanne, dann — in beschränktem Maße — die Arve, die Bergföhre, in südlicheren Gebieten die Seestrand- und die Aleppokiefer, hie und da allenfalls noch Pinus Pinea L., Pinus Peuce Griseb, Pinus leucodermis C. Koch, Pinus brutia Ten., P. pyrenaica Lapeyr, P. paroliniana Webb. und Picea Omorika Panč.; von den schon eingebürgerten Exoten die Strobe und die Douglasie.

Das Harz wird nach Tschirch durch eine Schleimschicht (resinogene Schicht) der gegen das Innere der Harzbehälter gerichteten Zellwand gebildet, nach Mayr aber durch das lebende Plasma ausgeschieden.

Dieses normal ausgeschiedene Harz finden wir meist in den Harzgängen des Holzgewebes, d. h. speziell zur Leitung des Harzes dienenden dünnen, langen Röhren, teils aber auch in einzelnen Zellen oder als Harzbeulen in der Rinde.

Die Harzgänge durchziehen das Holzgewebe der Nadelhölzer — ausgenommen Abies und Tsuga — sowohl der Länge nach, wie auch in radialer Richtung und bilden ein weitverzweigtes, zusammenhängendes Netz, das im Splintholz flüssigen Balsam enthält und leitet, im Kernholze aber durch Füllzellen verstopft wird. Der in den Harzgängen des Kernholzes enthaltene Balsam kann nicht mehr in die Kanäle des Splintes gelangen und ist also für die Harznutzung des lebenden Baumes nicht nutzbar zu machen.

Die Längskanäle verlaufen nicht in ununterbrochener Linie, sondern erreichen nach Mayr nicht über 70 cm Länge.

Die Zahl und die Größe der Harzgänge wechselt je nach der Holzart, aber auch verschiedene Exemplare derselben Holzart zeigen große Abweichungen ebenso wie auch die Zahl an verschiedenen Stellen des Baumes außerordentlich wechselt.

Fichte = Picea excelsa Lk., Pinus Picea Dur., Picea vulgaris Lk., Rottanne, Rotfichte.

Tanne = Abies alba Mill., Abies pectinata D.C., Pinus Abies Dur., Weißtanne, Edeltanne.

Lärche = Larix europaea D. C., L. decidua Mill.

Arve = Pinus Cembra L., Zirbelkiefer.

Bergkiefer oder Bergföhre =, Pinus montana Mill., Krummholz, Latschenkiefer, Legföhre. (Hierher sind zu rechnen: Pinus Mughus Scop., P. pumilio Haenke, P. uncinata Ramd.)

Seestrandkiefer = Pinus maritima Poir, P. Pinaster Sol.

Aleppokiefer = Pinus halepensis Mill.

Strobe = Pinus Strobus L., Weymouthskiefer.

Douglasie (grüne und graue) = Pseudotsuga Douglasii Carr. und Pseudotsuga glauca Mayr., Douglastanne, Douglasfichte.

Die zahlreichsten und größten Harzkanäle zeigt nach Mayr die Strobe, ihr folgen die Weißkiefer, die Arve und die Fichte.

Die von Mayr nicht erwähnte Schwarzkiefer besitzt große und zahlreiche Harzgänge und ist nach unserer Ansicht der Strobe mindestens gleichzustellen.

Wir finden das Harz des Baumes aber nicht nur in den Harzzellen und Harzgängen, sondern — oft in erheblichen Mengen — auch in Harzdrüsen oder Harzgallen, Harzrissen und im Wundgewebe, welch letzteres sowohl bei offenen Wunden, wie auch unter unverletzter Rinde auftreten kann.

Das Auftreten von Harz im Holzgewebe außerhalb der Zellen und Gänge ist stets auf pathologische Ursachen zurückzuführen; bei der Tanne, der die Harzkanäle ursprünglich fehlen, finden wir manchmal den Harzgängen ähnliche Gebilde, die auch pathologisch sind, ebenso hat ein abnorm zahlreiches Auftreten von Harzgängen auch bei jenen Nadelholzarten, die normal Harzkanäle führen, pathologische Ursachen.

Auf pathologischen Ursprung weist auch die schon von Mayr (S. 91) hervorgehobene Tatsache, daß kränkelnde Tannen und Douglasien erheblich mehr und größere Harzbeulen in der Rinde zeigen; Tubeuf führt eine Abbildung als Beleg hiefür an. (Harzungsfragen, S. 355.)

Nicht nur der Holzkörper enthält Harz, auch die Knospen, Nadeln, Blüten und Früchte, sowie die Rinde sind mehr oder weniger harzreich und können auch zur Balsamgewinnung herangezogen werden.

Von großer Wichtigkeit für den Harzungsbetrieb ist, daß licht oder ganz frei stehende Bäume größeren Reichtum an Harz aufweisen und daß die Südseite der Bäume meist zahlreichere Harzgänge besitzt. Diese beiden Eigenschaften gehen Hand in Hand und weisen auf den Einfluß der Bestrahlung hin, der in lichten Beständen mehr zur Geltung kommt wie in geschlossenen.

Bezüglich der Verteilung des Harzes im Baume fanden wir bei der Weißkiefer eine Abweichung gegenüber Mayrs Ergebnissen.

Nach Mayr ist das Wurzelholz am reichsten an Harz, dann folgen: Erdstamm oder Wurzelanlauf, Astholz, bekrönter Schaft, astloser Schaft, Rinde.

Bei den mit größeren Holzmengen vorgenommenen Extraktionsversuchen in Malaczka im fortlaufenden Großbetriebe zeigte sich, daß die eigentlichen Wurzeln ärmer an Harz sind, wie der Wurzelhals und der Stock, welche bis zu $5^{1}/_{2}$—$6^{3}/_{4}\%$ Harzgehalt erreichten.

Ähnliche Ergebnisse erhielt auch Schwalbe, der im Kiefernwurzel-
holz 9,2% Balsam, im Stock (Kern) 19% fand. Der Splint des Stockes
war wohl etwas ärmer als die Wurzeln (8,3%), doch der weitaus höhere
Harzgehalt des Kernes läßt auch den Durchschnittsgehalt des Stockholzes über den der Wurzeln schnellen.

Wir fanden im Großbetriebe:

in der Weißkiefer . . . ¾%—1¾% Terpentinöl,	4%—7%	Koloph.
in der Schwarzföhre . . 1%—2¼% »	8%—13%	»
in der Tanne . . . . . 0,2%—0,3% »	1,5%—2,1%	»
in der Fichte . . . . . 0,2%—0,4% »	1,7%—2,2%	»

Das Kernholz ist stets reicher an Harz wie der Splint. Trotzdem
erweist sich — mit Ausnahme der Lärche — das Anlachen oder Anbohren der Kernpartien als wirkungslos, und der Ausfluß des Harzes
entspringt nur den Splintpartien des Holzes. Wiederholt begegneten
wir der Ansicht, daß auch vom Splinte nur die äußersten Jahresringe
Harzausfluß ergeben. Dies trifft jedoch nicht zu; wir erhielten bei
tieferen Verwundungen — die bei 4 bis 5 cm Tiefe bis zu 20 bis 25
Jahresringe durchschnitten. aber noch im Splinte blieben — reicheren
Harzfluß, als bei seichteren. Derselbe Stamm (Weißkiefer) gab bei
1 bis 1,5 cm tiefer Wunde (3 bis 4 Jahresringe) bedeutend schwächeren
Harzfluß, wie bei 2 bis 3 cm tiefer (7 bis 8 Jahresringe), bei nochmals
gesteigerter Tiefe floß das Harz abermals reicher wie früher, ein
Zeichen, daß die tieferen Schichten ebenfalls Harz geben.

Auch auf den Schnittflächen der im Schlage verbliebenen Stöcke
ist überall zu sehen, daß der Harzaustritt über den ganzen Splint hin
erfolgt, der nach Verlauf einer gewissen Zeit mit Harz überzogen erscheint. Auf dem Kerne fanden wir diese Inkrustation nicht, doch
sahen wir bei Weißkiefer auch im Kerne ausnahmsweise Harzansamm-
lung an der Schnittfläche des Stockes und zwar waren Fraßgänge
teilweise mit Harz erfüllt. Auch bei der Schwarzkiefer fanden wir
in vereinzelten Fällen Harzaustritt aus dem Kern, was noch nähere
Untersuchung erheischt.

Die Ursache zu der Annahme, daß nur die äußersten Jahresringe
Harzfluß geben, dürfte wohl darin liegen, daß die äußersten Ringe,
besonders der im Entstehen begriffene letzte Jahresring, den dünn-
flüssigsten Balsam geben, daher auch bei ungünstigen Verhältnissen
— kühle Witterung, vorgeschrittene Jahreszeit — schnell auf Verwundungen reagieren. Wir beobachteten wiederholt, daß sogleich nach der
Verwundung Balsamtropfen aus der Wundfläche heraustraten, welche
beim äußersten Jahresring alsbald abzufließen begannen, bei den

inneren Ringen hingegen wurden die Tropfen noch immer nur größer und größer, und erst nach geraumer Zeit fing das Abfließen des Tropfens an, ein Zeichen, daß der Balsam des äußersten Ringes flüssiger ist.

Die sogleich nach der Verwundung austretenden Tropfen nennt Tschirch den primären Harzfluß, der nur kurze Zeit anhält und nur wenig Balsam liefert. Dieser primäre Balsam ist der Inhalt der normal entwickelten Harzgänge, der nach Öffnung der Gänge durch die Verwundung, infolge des im Innern der lebenden Gewebe stets herrschenden Druckes, ausgepreßt wird.

Nach der Verwundung entstehen aber — eben infolge des Wundreizes — im sich weiterbildenden Holzgewebe viel zahlreichere Harzgänge wie im normalen Gewebe, infolgedessen wird die Harzausscheidung reichlicher (sekundärer Harzfluß), die ganze Oberfläche der Wunde wird mehr oder weniger dick mit dem Wundbalsam überzogen, der nach Verdunstung der leichtflüchtigen Terpentinöle verhärtet und eine schützende Harzschicht auf dem entblößten Holzgewebe bildet. Infolge der Verhärtung und der Verstopfung der Gänge und wohl auch infolge der Abnahme des Wundreizes vermindert sich der Ausfluß des Balsams, hält aber, wie wir an alten, verharzten Wunden sehen können, noch lange an. Infolge des Dickenwachstumes wird die schützende, erstarrte Harzschicht zerrissen und durchbrochen; an solchen Stellen tritt frischer Balsamausfluß zutage.

Wenn wir den Wundreiz künstlich wirkend erhalten und stets frische Wunden verursachen bzw. alte offen erhalten, läßt sich der Balsamausfluß erheblich steigern und lange Zeit hindurch ständig erhalten. Am wirkungsvollsten ist diese Neuverwundung, wenn wir damit der Entwicklung der eben wegen der früheren Verwundung entstandenen pathologischen Harzgänge folgen, d. h. eben jene Gewebe öffnen, in welchen die Harzgänge infolge des Wundreizes in abnorm großer Zahl entstanden sind.

Dies gilt in erster Reihe für die harzreichen Kiefernarten, die mit außerordentlich reicher Balsambildung auf Verwundungen reagieren. Besonders oberhalb der Wunde zeigt sich der Einfluß des Wundreizes außerordentlich stark. Deshalb erscheint es als das rationellste, die zum Hervorrufen des Balsamausflusses verursachte Wunde anfänglich möglichst tief an der Basis des Stammes anzubringen und dieselbe nach obenhin zu erweitern.

Die Erweiterung hat dem Entstehen pathologischer Harzkanäle zu folgen, darf also nicht zu schnell geschehen. Je längere Zeit hindurch wir den Wundreiz ausnützen können, um so vorteilhafter.

Es ist also angezeigt, bei der Neuverwundung nur eine schmale Holzschicht zu entfernen. Allzu dünn darf aber diese Schicht nicht sein. Das zur Zeit der Verwundung schon bestehende Holzgewebe wird einesteils mit Balsam durchtränkt (verkient), andernteils verliert es seinen Wassergehalt, es trocknet ein. Infolgedessen entsteht am Rande der Wunde eine Schicht, welche dem weiteren Austreten des Balsams hinderlich ist. Nach unseren Beobachtungen entsteht diese Schicht bald nach der Verwundung, erreicht aber dann durch längere Zeit hindurch nicht mehr wie 2 bis 3 mm. Um neuerdings reichlicheren Harzfluß hervorzurufen, muß diese Schicht ganz entfernt und müssen frische, saftreiche Gewebe entblößt werden. Die jeweils abzutrennende Holzschicht soll also mindestens 3 bis 4 mm dick sein, aber nicht über 5 bis 6 mm erreichen. Ein Weniger verringert den Ausfluß, ein Mehr aber bedeutet ein nutzloses Verschwenden der ergiebigsten Holzschichten.

Bei der Fichte erweist sich das oft wiederholte Verwunden als bedeutend weniger wirkungsvoll, dagegen scheint der Harzfluß aus der einmal erhaltenen Wunde bei der Fichte sehr lange anzuhalten. Man findet häufig Fälle, daß inmitten einer alten, ganz verharzten und gebräunten Wunde ein frischer Ausfluß entsteht, dessen lichte, meist hellrötliche Farbe von weitem auffällt. Deshalb genügt bei der Fichte die einmalige Verwundung, worauf erst nach längerer Zeit das ausgetretene Harz gesammelt wird. Wiederholt wird die Verwundung erst nach Jahren durch vollständige Entfernung des entstandenen Wundgewebes.

Bei der Lärche verhält sich die Sache anders. Auch hier kann man durch Verwundungen der Splintschicht Harzfluß verursachen, doch wird nicht dieser Weg bei der Lärchenharzung beschritten, sondern es wird der im Inneren des Stammes in Rissen des Holzes sich — oft im Verlaufe vieler Jahre — ansammelnde Balsam gewonnen. Auch dieser Balsam ist pathologischen Ursprunges.

Es finden sich außer den normalen Harzbehältern und den dem sekundären Harzfluß entstammenden pathologischen Harzen bei einigen Nadelhölzern noch sog. »Überwallungsharze« (Wiesner) vor. Diese entstehen aus dem Wundgewebe, womit der Baum erhaltene Wunden überwallt, und zeigen abweichende chemische Eigenschaften. Sie sind aber vom Standpunkte der Harznutzung nicht von Belang und werden bei der Gewinnung zum Scharrharze gezählt.

Der infolge von Verwundungen aller Art auftretende Harzbalsam überzieht nicht nur die Oberfläche der Wunde, er dringt auch in das Holzgewebe ein und durchtränkt dasselbe, das infolgedessen dunklere Farbe erhält, glänzend und speckig, in dünnen Schichten durchscheinend wird, »verkient«.

Dieses Verkienen tritt nicht nur bei offenen Wunden auf, sondern überall, wo sich am Baume infolge äußerer oder innerer Ursachen pathologische Erscheinungen zeigen. Wichtig für die Harzgewinnung ist, daß die Verkienung auch nach dem Fällen des Baumes eintreten kann; infolgedessen finden wir die abgestorbenen Stöcke in Kahlschlägen oft stark verkient (Speckkien), aber auch an anderen Schlagrücklässen sehen wir die Verkienung.

Besonders die Schwarz- und Weißkiefer neigen zur Verkienung, die Fichte viel weniger.

In Serbien und Bosnien nennt man gewisse harzreiche Stämme der Schwarzkiefer »lucevina« (Fackelholz). Das Volk kennt diese dem Standort nach und benützt sie mit Vorliebe zum Anlachen oder zur Kienholzgewinnung. Man behauptete dort, dies wären »männliche« Bäume, die nur Staubblüten, aber keine Früchte trügen. Es wurden mir zwei solche lucevina gezeigt; auf einer fand ich tadellos entwickelte Zapfen mit gesunden, normalen Samen. Der Harzreichtum der Stämme war tatsächlich überraschend groß. Ein frischgeschnittener Span flammte — mit einem brennenden Zündhölzchen kaum berührt — hoch auf. Nähere Untersuchung zeigte, daß die Bäume knapp an einem Weidewege standen und vom Rinde teils mit den Hörnern, teils durch Reiben daran stets beschädigt wurden. Dies — wahrscheinlich im Vereine mit einem von Natur aus größeren Harzgehalt — führte zu einer auffallenden Verkienung. Nähere Untersuchung der Stämme war leider nicht möglich.

Die Verkienung ist für die Extraktion aus totem Holzmaterial von Bedeutung, da die verkienten Teile außerordentlich harzreich sind. Die Wunden verursachen eine Verkienung bis zu einer gewissen Entfernung vom Wundrande, bei den Lachen reicht die Verkienung meist nur einige Zentimeter tief. Angefaultes Holz, z. B. halbverfaulte Stöcke von Kiefern, fanden wir oft durch und durch verkient.

Der Harzreichtum der alten Stöcke war stets bekannt; wegen der vorzüglichen Brennbarkeit des verkienten Wurzel- und Stockholzes wurde dieses als »Kienholz« zum Unterzünden und zu Fackeln verwendet und wird in manchen Gegenden auch heute noch gewonnen.

Drittes Kapitel.

Verschiedene Verfahren der Harzgewinnung aus Nadelholzarten.

Die Verfahren der Harzgewinnung aus den Nadelhölzern lassen sich in zwei große Gruppen teilen:

1. Die Gewinnung aus lebenden Bäumen im Walde. (An-lachung. Anzapfung.)
2. Die Gewinnung aus totem Holzmaterial in speziell ein-gerichteten Fabrikbetrieben. (Extraktion; s. VII. und VIII. Kapitel.)

A. Die Harzgewinnung aus lebenden Bäumen.

Das Harzen der lebenden Nadelbäume ist im Großbetriebe in Europa in Frankreich, Rußland und Österreich, außerdem noch in Spanien und Portugal, Griechenland, Italien (Pie-mont), in kleinem Maße auch in einigen Balkanländern üblich. In Deutschland und in der Schweiz wurde früher die Fichte ge-harzt. Ungarn lieferte bisher nur sehr geringe Mengen und zwar ungarischen und Karpathenbalsam.

In Asien wird in Rußland (Sibirien), dann im Kaukasus und im Himalaya, schließlich auch in Japan geharzt.

In Amerika ist in den südlicheren Teilen der Vereinigten Staaten ein sehr groß angelegter Harzungsbetrieb im Gange.

Afrika dürfte größere Mengen Harz liefern, doch kommt dies wohl als französisches in den Verkehr, Australien gibt nur unbe-deutende Mengen.

Der rationellste Harzungsbetrieb in Europa ist der französische, der schon auf eine lange Vergangenheit zurückblickt und wo aus-gedehnte Waldungen speziell für die Harznutzung angelegt und dem-entsprechend erzogen werden.

Viel weniger rationell — obwohl im großen Maße betrieben — ist die Harzung in Rußland, was bei den dortigen ungünstigen Ver-hältnissen wohl leicht erklärlich ist.

Auffallend ist, daß die uralte Harznutzung Niederösterreichs — im Zentrum eines hervorragend industrialisierten Landstriches — als durchaus nicht rationell bezeichnet werden muß[1]) und zu den schonungslosesten gehört. Erst in den letzten Jahren, unter dem

---

[1]) Reichert, l. c. 38; Kubelka, 36; Cieslar, 19.

Drücke der Kriegslage, scheint eine Wendung zum Besseren eingetreten zu sein, nachdem hervorragende Fachleute schon vor Jahrzehnten vergeblich ihre Stimme gegen das althergebrachte Verfahren erhoben hatten.

Im folgenden geben wir die Beschreibung der verschiedenen Verfahren:

1. Das niederösterreichische Verfahren.

Das niederösterreichische Verfahren war sicher früher in Kiefernwäldern allgemein üblich, doch mußte es überall dem rationelleren Betrieb weichen, was über kurz oder lang auch in Österreich der Fall sein wird.

In der Gegend von Wiener-Neustadt sahen wir dies Verfahren an Schwarzkiefern, aber stellenweise auch an eingesprengten Weißföhren. Angeblich soll es auch an Fichten zur Anwendung kommen, doch sahen wir selbst keine so geharzten Fichten.

Die angezapften Bäume werden Jahre hindurch genutzt, bei Schwarzföhren wird im allgemeinen mit einem Zeitraume von zirka 10 bis 20 Jahren gerechnet.

Der Stamm wird — wie die Abb. 1 und 2 (S. 28) zeigen — in einer Höhe von ungefähr 30 cm angehackt, »angelacht«,

Abb. 1. Österreichisches Harzungsverfahren am Anfange des Betriebes. (Aufgen. Reichert.) Abb. aus dem »Centralblatt f. d. ges. Forstwesen«.

und zwar wird eine 7 bis 8 cm tiefe Kerbe gemacht, deren Breite — am Umfange des Stammes gemessen — dem Durchmesser des Baumes gleich ist. Diese »Lache« wird anfangs nur so hoch — ca. 7 bis 8 cm — gemacht, um für die »Grandelhacke« Platz zu bekommen, mittelst welcher der untere Teil der Kerbe zu einer 8 bis 10 cm tiefen Höhlung, dem »Grandel« oder »Schrott« ausgearbeitet wird, welche zum Auffangen des abfließenden Balsams bestimmt ist.

Diese Arbeiten erfolgen im Frühjahr. Je nach der Witterung beginnen selbe schon Ende Februar oder in der ersten Hälfte des Monates März; bei jenen Stämmen, die schon angelacht waren, wird um diese Zeit das Grandel gereinigt und neue »Scharten«, d. h. flache, längliche Holzspäne, die zur Leitung des abfließenden Balsams dienen, eingesetzt. Zum Einsetzen der Scharten dient eine leichte Hacke,

Abb. 2. Österreichisches Harzungsverfahren nach längerem Betriebe.
(Aufgen. Reichert.)
Abb. aus dem »Centralblatt f. d. ges. Forstwesen.

mit derselben wird ein schräger Spalt in den Stamm gemacht und die Scharte darein gepreßt.

Zum Reinigen des Grandels, wie auch zum Ausschöpfen — »Ausfassen« — des Harzes dient ein entsprechend großer Löffel.

Mit dem Beginne der Saftströmung fängt das »Plätzen« oder »Anziehen der Lachen« an, d. h. die sich immer wiederholende Verwundung des Baumes, wozu das in Abb. 3 gezeigte Werkzeug, der Dechsel[1]), dient, mit welchem 1 bis 2 cm dicke Späne vom Wund-

---

[1]) Auch Dexel und Dächsel geschrieben.

rande weggehackt werden. Dieses Verwunden soll nur nach oben
hin erfolgen und zwar in der Weise, daß mit dem »Dechsel« 1 bis 2 cm
starke Späne vom Rande der Wunde abgehackt werden. Tatsächlich
aber erfolgt dieses Weiterplätzen nicht nur nach obenhin, sondern
auch seitwärts[1]), allerdings langsamer, so daß die Lache mit der Zeit
bis zu $^2/_3$ des Baumumfanges erreicht, während
die Höhe der Lache auf 3 bis 5 m, ja noch mehr
steigt. Nach Cieslars Angaben ist die Lache
stets wesentlich breiter wie das Grandel und
wird in jedem folgenden Jahre etwas breiter gemacht wie im vorhergehenden.

    Mit der Höhe der Lache wird die Arbeit
immer schwieriger und kann nur von der Leiter
aus vorgenommen werden, auch wird die Qualität
des Harzes stets schlechter. Man unterscheidet
bekanntlich Rinn- oder Flußharz (Rinnpech)
und Scharrharz (Scherrpech). Mit dem ersten

Abb. 3. Öst. Dechsel.
($^1/_4$ der nat. Gr.)

Namen bezeichnet man jenes Harz, welches — mehr oder weniger
dünnflüssig — von selbst der Lache entlang in das Grandel fließt.
Je kürzer der Weg von der frischen Wunde bis zum Grandel ist,
um so mehr Balsam gelangt bis in dasselbe. Je länger dieser Weg,
desto mehr Harz trocknet unterwegs ein und bleibt an der Lache
kleben, muß also von dort abgekratzt, »gescharrt« oder »gescherrt«
werden. Nach Stöger beträgt der Anteil des Scharrharzes in den
ersten Jahren ca. 30% des Rohbalsams und steigt mit der Zeit bis
auf 70%. Das Scharrharz aber ist im Vergleich zum Flußharz stets
minderwertig und erreicht nur ca. $^2/_3$ Teil des Flußharzpreises. Erstens
geht infolge der Verdunstung ein sehr großer Teil des wertvollsten
Bestandteiles, der in dem aus der Wunde tretenden Harzbalsam enthalten ist, das leichtflüssige Terpentin, verloren, zweitens tritt infolge
Oxydation eine Bräunung des Harzes ein, die eine steigende Qualitäts-
abnahme bedeutet. Dieses braune Harz verdirbt aber auch die Qualität des darüberfließenden Rinnharzes, da selbes einen Teil des starren,
gebräunten Harzes auflöst und dadurch selbst auch braun wird.

    Bei dem Abkratzen ist auch ein erheblicher Harzverlust unver-
meidlich, besonders in größeren Höhen, das starre Harz springt ab
und nur ein Teil gelangt in den untergehaltenen Behälter.

    Ein weiterer Nachteil des Grandels besteht darin, daß sich Wasser
in demselben sammelt, wodurch dem Anfaulen des Stammes Vorschub

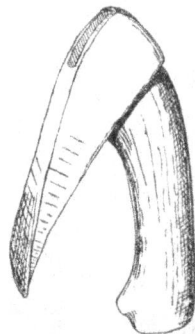

---

[1]) Dasselbe gilt auch für das französische Verfahren, s. dort.

geleistet wird. Auch wird der Stamm gerade an der Basis derart ge-
schwächt, daß die Gefahr des Windwurfes und Schneedruckes erhebliche Steigerung erfährt.

Diese Übelstände lassen sich zum großen Teile leicht vermeiden
und kann dabei — mit Rücksicht auf die konservative Gesinnung
der Besitzer dieser Wälder — das bisher geübte Verfahren im wesentlichen beibehalten werden; nur an Stelle des Grandels treten die Auffanggefäße, die in Frankreich schon seit Jahrzehnten im Gebrauch stehen und nach Schorger und Betts auch in Amerika schon überwiegen; nach den Mitteilungen Cieslars ist der Anfang hierzu schon gemacht, und die seinem Artikel entnommene Abb. 4 zeigt die heutige österreichische Kiefernharzung.

Abb. 4. Das neue österr. Harzungsverfahren.
(Aufgen. Reichert).)

Das Plätzen erfolgt bei günstiger Witterung in Abständen von 4 bis 5 Tagen, das Ausschöpfen des Grandels ungefähr jede zweite Woche. Das gewonnene Harz wird zuerst in Kübeln gesammelt, die dann in Fässer entleert werden, welche behufs Verminderung des Verdunstens in die Erde eingegraben werden. Das Scharrpech wird meist nur einmal im Jahre, im Herbst, abgekratzt und gesammelt. Hierzu kann man auch Körbe oder Kisten verwenden, da dieses Harz schon nicht mehr flüssig ist. Beim Flußharz dagegen ist stets Sorge zu tragen, daß die benützten Fässer vollständig dicht schließen, da das leichtflüssige, wertvolle Terpentin durch die feinsten Ritzen hindurchdringt.

Im allgemeinen ergibt ein Stamm im Jahre ca. 3 kg Rohbalsam.

Zur Harzung in Fichtenbeständen war in Österreich — abgesehen von dem Sammeln des an Wundstellen verschiedensten Ursprunges austretenden Harzes — das streifenweise Schälen der Rinde üblich. Die Rinde wird im Frühling an ein bis drei Stellen längs des Stammes in 4 bis 6 cm breiten und 1 bis 1,5 m langen Streifen abgezogen. Das austretende Harz — von dem ein Teil bis zur Erde abfließt — wurde im Herbst oder erst im nächsten Frühjahr abgekratzt und gesammelt. In gewissen Zwischenräumen, ungefähr 4 Jahren, wurden die Seitenränder der Wunden mittelst Anhacken erneuert und das Überwallungsgewebe entfernt. (Diese Art Harzung ist wahrscheinlich aus Deutschland eingebracht und kam wohl — vor dem Kriege wenigstens — kaum mehr zur Anwendung.)

Die Lärche wird in Südtirol von alters her[1]) schon geharzt und zwar durch Anbohren. Alte Stämme werden im Frühling am Wurzelhals meist von der Talseite her vermittelst eines ca. 3 cm dicken Bohrers bis zum Mark angebohrt.

Das Bohrloch wird möglichst tief am Stamme angelegt und zwar auf zweierlei Art. Entweder schräg nach außen oder nach innen abfallend[2]).

Bei schräg nach außen abfallenden Bohrlöchern fließt der Balsam von selbst aus und wird in vorgelegten kleinen Holzgeschirren (Lerget-Trögel) aufgefangen. (S. Syrutschek: Die »Lerget«-Gewinnung in Südtirol. Zentralblatt für das gesamte Forstwesen. 1885.) Auch werden diese Bohrlöcher mit einem durchlochten Stöpsel verschlossen oder wird eine kleine Blechrinne hineingesteckt, wodurch das Abfließen des Balsams am Stamme verhindert wird.

Bei den nach innen abfallenden Bohrlöchern wird das Bohrloch mit einem Holzpfropfen sofort verschlossen und von Zeit zu Zeit der im Loche sich sammelnde Balsam mit einem geeigneten Löffel herausgenommen, das Loch aber gleich wieder sorgfältig geschlossen. Letzteres Verfahren ist mehr verbreitet.   •

Ein Baum ergibt durchschnittlich 0,1 bis 0,3 kg Balsam im Jahre und läßt sich diese Nutzung durch Jahrzehnte hindurch fortsetzen.

---

[1]) Das im folgenden beschriebene Verfahren gibt schon Mathäus im Jahre 1598 ebenso an (s. Andés, 42).

[2]) Das erstere Verfahren bezeichnet Mathey (S. 776) als steierisches.

Das deutsche Harzungsverfahren.

In Deutschland wurde früher die Fichte viel geharzt, während die Weißkiefer, die bekanntlich eine hervorragende Rolle im deutschen Walde spielt, zur Harznutzung nicht herangezogen wurde. Späterhin aber wurde die Harzung fast überall völlig aufgegeben; erst unter dem Drucke der Kriegslage wurde dieselbe wieder, und zwar in großem Maße, aufgenommen, diesmal sowohl an der Fichte wie an der Kiefer.

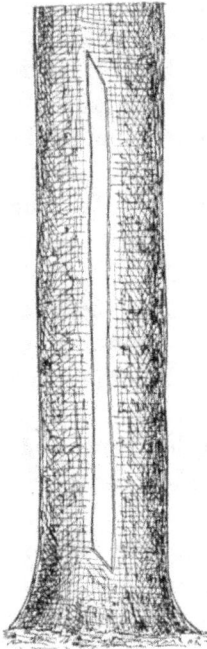

Abb. 5.
Harzung der Fichte.

Der Niedergang der Harzung dürfte in erster Reihe der überseeischen Konkurrenz zuzuschreiben sein, teils aber auch dem Schaden, den das Holzmaterial und der Wald — besonders bei überspanntem oder fahrlässigem Betriebe — erleidet, über dessen Größe und Bedeutung übrigens die Ansichten bedeutend auseinandergehen und bezüglich dessen unbedingt sichere Daten fehlen[1]). (S. Kap. IV.)

Die Fichte wurde in Deutschland vermittelst Anreißens und streifenweisen Schälens geharzt; es wurden stammweise mehrere — meist vier — Längsrisse gemacht, ungefähr 2 bis 3 cm breit und 1 bis 2 cm tief, oder aber nur die Rinde in ca. 2 m langen und 3 cm breiten, oben und unten spitz zulaufenden Streifen mittelst eine Hippe abgeschält (s. Abb. 5). Nach anderen Angaben (Andés l. c. S. 37) wurden 2 bis 3 Lachen, jede etwa 6 cm breit, um den Stamm herum angebracht, dieselben reichten 8 bis 16 Jahresringe tief in den Holzkörper und wurden 7 bis 8 Jahre hindurch offen gehalten. Ein etwas abweichendes Verfahren erwähnt Andés aus dem Voigtlande. In 3 bis 6 cm Abstand wurden vermittelst eines kleinen Beiles zwei Einschnitte am Stamme gemacht und die dazwischen liegende Rinde so hoch als erreichbar abgeschält, dann eine bis zu 6 cm tiefe Furche in den Baum gehackt[2]). Dasselbe Verfahren ist auch bei Tschirch angegeben (l. c. S. 607).

---

[1]) Das Fallenlassen der Harznutzung in Deutschland wurde von hochstehenden Stellen bemängelt. So verurteilt Oberforstmeister Runnebaum dies in der Zeitschrift für Forst- und Jagdwesen (1895, S. 568); auch Mayr (S. 84) tritt für das Aufnehmen der Harzung ein, ebenso Grebe und Tschirch (s. auch N. Z. f. F. u. L. 1916, 359, Tubeuf), welch letzterer ein entschiedener Anhänger der Harzung ist.

[2]) Die Beschreibung Andés (S. 37) ist unklar, auch die angegebene Tiefe der Furche ist wohl so zu verstehen, daß im Laufe mehrerer Jahre infolge der

Wieder ein anderes Verfahren war in der Schweiz, im Berner Jura, üblich. Es wurde eine ungefähr handbreite Lache in den Stamm gehauen, die im Laufe der Jahre stets vergrößert wurde und mit der Zeit bis zu 1 m Breite und 2 m Länge erreichte. Am unteren Ende war eine Höhlung nach Art der Grandeln angebracht, um das abfließende Harz aufzufangen. (S. Schweiz. Zeitschrift für Forstwesen. 1912.)

Zum Sammeln wird ein Pechsack oder Harzkorb verwendet, welcher so an den Stamm gehalten wird, daß das abgekratzte Harz hineinfällt. Der Sack wird mit einem Holzreifen offen erhalten.

Die Fichte gibt nur Scharrharz, da das Fichtenharz schnell erstarrt; doch fanden wir bei unseren eigenen Versuchen, daß sie auch etwas Flußharz geben kann. Nach Hempels Angaben überwiegt bei der Fichte das »Flußharz«, doch ist dieser Ausdruck hier nicht so zu verstehen wie bei der Kiefer. Teils handelt es sich wohl um tatsächlich abgeflossenes Harz, das vom Boden aufgelesen wird, den größten Teil aber ergeben die Überwallungswülste, die alle vier Jahre abgenommen werden, stets getrennt vom' eigentlichen Scharrharz. Unter diesen Überwallungswülsten tritt Harz aus, das nach Entfernung des Wulstes gewonnen werden kann. Diese

Abb. 6. Werkzeuge zum Scharren des Fichtenharzes.

Arbeit nennt man »Flußscharren«. Dabei wird stets auch das Holzgewebe in Mitleidenschaft gezogen, es gelangen Holzspäne, Rindenstücke und Teile des Wundgewebes in das abgescharrte Harz. Dieses Flußscharren erfolgt gegen das Ende des Sommers, damit sich die bloßgelegte Wunde noch mit Harz überziehen könne, um das gegen Fäulnis sehr empfindliche Fichtenholz nach Möglichkeit zu schützen. Zum Scharren werden die in Abb. 6 gezeigten Werkzeuge verwendet. (N. Z. f. F. u. L. Tubeuf, Heft 7 bis 8, 369.)

Abkratzung einerseits und des Weiterwachsens der unverletzt gebliebenen Teile anderseits die Wunde bis zu 6 cm tief bzw. (s. w. oben) bis zu 16 Jahresringe tief reicht.

Infolge der Kriegslage wurde, wie erwähnt, im Deutschen Reich wie in Österreich-Ungarn die Harzung im Jahre 1916 überall wieder aufgegriffen und verschiedene Verfahren angewandt; besonders die Kiefer wurde zur Harznutzung herangezogen, während man sich bei der Fichte mehr auf das Abkratzen der infolge der durch das Hochwild verursachten Schälschäden oder aus anderen Ursachen ausgetretenen und am Stamme angetrockneten Harzmengen beschränkte.

Es wurden hierbei folgende Verfahren empfohlen und angewendet[1]).

Der deutsche Kriegsausschuß für pflanzliche und tierische Fette und Öle, Berlin, erließ ein Merkblatt über die Kiefernharzgewinnung, dem wir folgendes entnehmen:

Die Kiefernharzgewinnung.
Nach dem Bohrverfahren (s. Abb. 7 u. 8).

1. Herstellung der Bohrlöcher.

Zur Herstellung eignen sich über 80jährige Kiefern, die in den nachfolgenden 3 bis 4 Jahren zum Abtrieb kommen sollen.

Das Verfahren besteht im wesentlichen aus einem Verwunden des Baumes und dem Auffangen des austretenden Harzbalsams in Bohrlöchern, die unter der Wunde angebracht werden.

Die Technik ist folgende:

Je nach dem Baumumfange wird mit einem Ziehmesser an 2 bis 4 Stellen die Borke in einem senkrechten, etwa 15 bis 20 cm breiten Streifen, der von der Brusthöhe bis dicht über den Boden reicht, entfernt (Röten). Die lebende Rinde darf dabei nicht verletzt werden, um den Harzaustritt, der nur an den unten beschriebenen »Lachten« herausfließen soll, nicht an der falschen Stelle hervorzurufen. Damit die Saftleitung im Baume nicht gestört wird, sollen mindestens 20 cm breite Rindenstreifen unverletzt stehen bleiben.

Dicht über dem Boden wird nun an dem unteren Ende des geröteten Streifens ein etwa 15 cm tiefes, schräg nach unten gerichtetes Loch von 5 cm Durchmesser gebohrt. Über diesem Loch wird darauf eine kegelförmige Wunde, die Lachte, in den Baum geschlagen, indem man mit einem Handbeil und einem Hammer, von der Lochbreite ausgehend, die Kanten einhaut und mit dem Dexel oder dem Beil dann die dazwischenliegende Rinde und das Holz in einer Tiefe von 3 bis 4 Ringen sauber und glatt entfernt. Die Oberkante der Lachte soll dieselbe Breite wie der gerötete Streifen haben, damit etwa aus dem letzteren austretendes Harz nicht an der Lachte vorbeiläuft. Die nach unten sich ver-

---

[1]) Leider steht uns die neueste Literatur wegen der Transportschwierigkeiten nicht genügend zur Verfügung, um hinsichtlich der Anwendung und des Erfolges hinreichend Klarheit erlangen zu können, die Beschreibungen sind deshalb wohl lückenhaft.

jüngende Form der Lachte hat den Zweck, das aus der Wunde fließende Balsamharz in das Bohrloch zu leiten. Um fernerhin das Vorbeitropfen des Harzes an dem Auffangloch zu verhindern, wird anstoßend an die Oberkante des Loches eine Kerbe in die Lachte mit dem Handbeil geschlagen.

Nun putzt man mit einem Messer die Lochkante und reinigt mit dem Löffel oder einem Blasebalg das Bohrloch von jeglichen Spänen, da es sehr wichtig ist, jede Verunreinigung des Harzes zu verhindern. Aus diesem Grunde geschieht

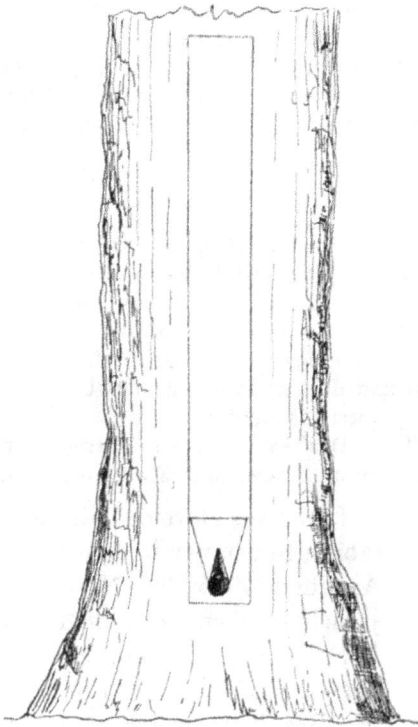

Abb. 7. Vorderansicht.   Abb. 8. Längsschnitt.
Deutsche Kiefernharzung nach dem Bohrverfahren.

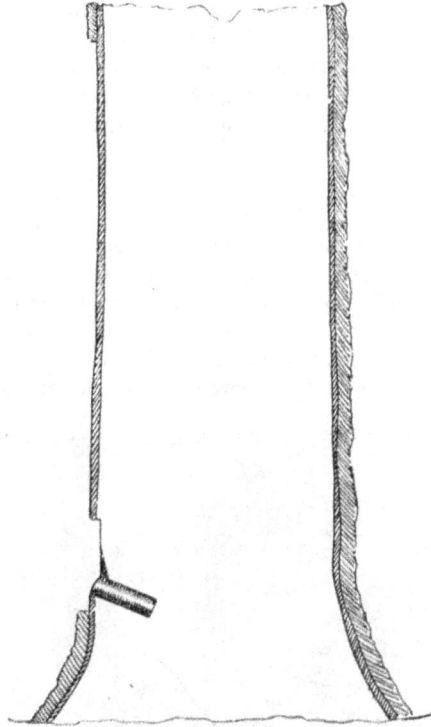

auch das Röten, um dem Herabfallen von Borke und Schmutz in das Bohrloch vorzubeugen.

Das Röten und Bohren wird am besten durch Männer ausgeführt, während das Anschlagen der Lachte und der Kerbe, sowie das Putzen des Bohrloches durch Burschen bewerkstelligt werden kann.

2. Die Gewinnung des Harzes.

a) Balsam- oder Flußharz.

Bei einsetzendem warmen Frühlingswetter beginnt das Austreten des Harzes und damit die Harzernte, die etwa Ende September abschließt. In Tröpfchen fließt der Balsam in die Bohrlöcher. Nach kurzer Zeit setzt sich jedoch die Lachtenwunde infolge der Verdunstung zu und somit wird es zur Hauptbedingung

3*

für eine reichliche Ernte, daß die Wunde stets alle 3 bis 4 Tage erneuert wird. Dazu verlängert man mittels des Dexels durch Entfernen der lebenden Rinde und 3 bis 4 Jahresringe an Holz die Lachte um ½ Fingerbreite nach oben (Nachplätzen), worauf der Harzfluß wieder einsetzt. Währenddem muß das Bohrloch verstopft sein, um die schädlichen Verunreinigungen des Harzes zu verhindern. Vor dem Plätzen wird das Rohharz aus dem Loche mit dem Eisenlöffel nach vorherigem Entfernen des Regenwassers ausgeschöpft, zunächst in einen Holzeimer gesammelt und dann in ein eingegrabenes Faß geschüttet. Das Eingraben hat den Zweck, das Verdunsten des kostbaren Terpentinöls nach Möglichkeit zu verhindern, weshalb auch das Rohharz um so hochwertiger ist, je kürzere Zeit es sich in den Bohrlöchern befindet. Außer neuen Fässern dürfen nur Fässer verwendet werden, die vorher kein dunkles Öl oder Fett, sondern helle Öle oder Petroleum enthalten haben, da das Terpentinöl des Balsamharzes keine Dunkelfärbung erleiden darf.

b) Scharrharz.

Von Zeit zu Zeit wird das auf der Lachte erstarrte Harz mit dem Scharreisen nach vorherigem Verstopfen des Bohrloches abgekratzt. Dazu bindet eine Arbeiterin eine Schürze um, kniet vor der Lachte, steckt die Schürze, links und rechts um den Baum greifend, mit zwei Pfriemen fest und kratzt das Harz in die Schürze hinein ab, wobei die Lachte nicht aufgeraut werden darf. Dieses Harz ist in besonderen Kisten zu sammeln und darf nicht mit dem Balsamharz vereinigt werden.

Das Sammeln des Harzes kann durch Frauen und Kinder erfolgen.

Ein etwas abweichendes Verfahren finden wir in dem März-Aprilheft 1916 der Naturwissenschaftlichen Zeitschrift für Forst- und Landwirtschaft[1]), dasselbe Verfahren wurde auch von der Kgl. preußischen Regierung auf Grund der Versuche Forstmeister Dr. Kienitz' anempfohlen (s. Abb. 9, 10, 11 u. 12).

Auch hier wird die rauhe Borke auf einem ca. 20 cm

Abb. 9. Kienitzsche Kiefernharzung.
Das erste Einschlagen des Grandeleisens.
Nach: v. Tubeuf, aus Naturwissensch. Zeitschr. f.
Forst- u. Landwirtschaft.
Verlag von Eugen Ulmer, Stuttgart.

[1]) In den Heften 6, 7, 8, v. 1916, derselben Zeitschrift erschienen auch Nachträge, in welchen praktische Erfahrungen und Fingerzeige zur Ausführung der Harzung enthalten sind.

breiten und 0,5 bis 1 m langen Streifen abgenommen (gerötet) und zwar möglichst an der Südseite, allenfalls an der Ost- oder Westseite. Bei starken Stämmen können bis zu fünf Streifen gerötet werden, die Streifen sollen aber durch ebenso breite Streifen ganz unberührter Rinde getrennt bleiben.

An der Basis der Rötestreifen wird eine Fläche von ca. 12/12 cm geplätzt, d. h. bis zur Holzschicht entrindet, wobei die Ränder scharf abgeschnitten werden sollen. Dieses Viereck wird sodann »abgedechselt«, d. h. vom oberen Rand nach abwärts wird mit dem »Dechsel«

Abb. 10. K l e n i t z sche Kiefernharzung. Zweites Einschlagen des Grandeleisens.
Nach: v. Tubeuf, aus Naturwissensch. Zeitschr. f. Forst- u. Landwirtschaft.
Verlag von Eugen Ulmer, Stuttgart.

ca. $\frac{1}{2}$ cm des Holzkörpers, 1 bis 4 Jahrringe, abgehackt. Dieses Dechseln wird in je 4 bis 5 Tagen wiederholt, dabei der obere Rand um 1 bis 2 cm nach oben erweitert. Der Dechsel muß stets scharf sein, seine Schneide eine leichte Wölbung zeigen.

Statt des Dechsels — dessen Handhabung Übung verlangt — kann man auch ein Stemmeisen verwenden. Das sog. Ringeleisen — ein breites Stemmeisen mit Seitenbacken — ist sehr gut dazu zu verwenden.

Am unteren Rande der »Harzlachte«, d. h. des abgeplätzten Teiles, wird vermittelst eine Hohleisens (Grandeleisen) eine Höhlung, das Grandel, geschlagen. Das Grandeleisen wird zuerst, mit der gewölbten

Seite nach oben gekehrt, schräg abwärts — möglichst steil — in den Stamm hineingetrieben, sodann umgedreht und — mit der gewölbten Seite nach unten — weniger schräg, fast wagerecht — wieder eingetrieben, so daß ein pferdehufförmiges Stück Holz herausgehauen wird. Dieses Grandel soll nicht tief in den Stamm reichen, höchstens bis zum Kerne,

Abb. 11. Kienitzsche Kiefernharzung. Das Weiterplötzen der fertigen Lache.
Nach: v. Tubeuf, aus Naturwissensch. Zeitschr. f. Forst- u. Landwirtschaft.
Verlag von Eugen Ulmer, Stuttgart.

und wird durch einen am unteren Rand eingeschlagenen Blechstreifen (15 cm lang, 4 bis 5 cm breit) vergrößert. Zum Einsetzen dieses Streifens dient ein Vorschläger (s. Abb. 12) mit entsprechender Einrichtung, dessen Schneide etwas länger sein soll wie der Blechstreifen.

Das Sammeln des Flußharzes bedarf keiner weiteren Beschreibung, beim Scharren bedient man sich der sog. Pechschürzen, deren Enden am Baume beiderseits befestigt werden, so daß das abgekratzte Harz in die offene Schürze fällt. Das Scharren soll jährlich mehrere Male

Abb. 12. Werkzeuge zur Kiefernharzung.
1. Grandeleisen. 2. Vorschlageisen. 3. Dechsel. 4. Löffel. 5. Scharreisen.
Nach: v. Tubeuf, aus Naturwissensch. Zeitschr. f. Forst- u. Landwirtschaft.
Verlag von Eugen Ulmer, Stuttgart.

wiederholt werden, um das Abfließen des flüssigen Rohbalsams zu erleichtern. Scharrharz und Flußharz müssen stets getrennt gesammelt werden.

Über die Ergiebigkeit dieses Verfahrens erhielten wir nur sehr wenig Angaben. Nach Mitteilung in der Deutschen Farbenzeitung vom 23. XII. 1916 wurden in diesem Jahre im Potsdamer Walde 24000 Stämme geharzt. (Die Holzart ist nicht angegeben, jedenfalls handelt es sich um die Weißkiefer.) Der ganze Bestand umfaßt etwa 80 ha und ergab 20000 kg Harz, pro Stamm also nahezu 1 kg. Die Mitteilung erwähnt, daß der Aufwand an Arbeitskräften (Frauen und Kinder) und Löhnen bedeutend war, doch die Mühen sich gelohnt haben.

Das französische Verfahren.
(System Hugues.)

Frankreich muß eigentlich als das einzige Land bezeichnet werden, das eine großangelegte, systematisch und rationell betriebene Harzung des lebenden Nadelbaumes aufweist, die sich von den noch größeren Betrieben Amerikas und Rußlands sehr vorteilhaft darin unterscheidet, daß sie auf Nachhaltigkeit fußt und eine ständige Nutzung gibt[1]).

Es ist dies — vom nationalökonomischen Standpunkt betrachtet — von um so größerer Bedeutung, als die jetzigen Harzwälder ausschließlich künstlich angelegt sind und vermittelst dieser Aufforstungen Ödländereien von riesiger Ausdehnung — die vorher nur zum geringen Teile eine dürftige Weide boten — in den Dienst der Kultur gestellt wurden.

Die französischen Harzwaldungen — die fast ausschließlich aus der Seestrandkiefer (Pinus maritima Poir.) mit vereinzelt eingesprengten anderen Kiefernarten bestehen — liegen in den Departements Gironde, Landes und Lot-et-Garonne und umfassen nach Bert (S. 112) rund 600000, nach den neueren Angaben Duchemins (S. 4) 996 566 ha. Außerdem werden auch die in der Sologne stockenden Waldungen geharzt, in welchen die Seestrandkiefer mit der Weißkiefer gemischt auftritt, ebenso die an mehreren Orten der Küste stehenden Bestände der Aleppokiefer.

Die Verjüngung erfolgt auf künstliche Weise durch Pflanzung, die Erziehung der Bestände hat stets das Ziel, die Bäume zur Harzung geeignet zu machen. Der Umtrieb ist 50 bis 60, manchenorts bis 80 Jahre. Die Jungbestände werden eifrig durchforstet, die unteren Äste abgenommen und auf glattrindige, doch nur kurze Stämme mit reicher Krone hingearbeitet.

---

[1]) Bezüglich der amerikanischen Harzwälder scheint zu befürchten zu sein, daß die dortigen Betriebe bzw. die Forstwirtschaft für die Verjüngung und Neuaufforstung der abgetriebenen Harzwälder nicht genügend sorgen, weshalb ein Versiegen der Harzungen in absehbarer Zeit droht.

In 'den verschiedenen Teilen des Harzgebietes zeigen sich kleinere Abweichungen im Harzungsverfahren, doch im wesentlichen stimmen selbe überall mit der nachfolgenden Beschreibung überein (s. Abb. 13, 14 u. 15).

Die Harzung fängt mit dem 15. bis 20., manchenorts erst mit dem 30. bis 40. Jahre an und dauert 30 bis 40 Jahre hindurch.

Abb. 13.   Abb. 14.
Französische Kiefernharzung.

Man unterscheidet: Lebendharzung und Totharzung (gemmage à vie und gemmage à mort oder à pin perdu).

Bei ersterem Verfahren bleibt der Stamm viele Jahre hindurch am Leben, bei letzterem aber stirbt er in einigen Jahren ab.

Deshalb wird der Hauptbestand »lebend« geharzt bis auf einige Jahre vor Ablauf der Umtriebszeit, das Durchforstungsmaterial aber wird mit »gemmage à mort« behandelt, einige Jahre vor dem Aushieb, ebenso der Hauptbestand ungefähr 4 bis 5 Jahre vor dem Abtrieb. Als Hauptbestand werden pro Hektar rd. 300 Stämme ausgeschieden, die zu gemmage à vie bestimmt sind.

Bei dieser Lebendharzung wird im Frühling (März) an der Basis des Stammes — bei erstmaligem Anlachen meist an der dem herrschenden Winde abgewendeten Seite — eine 8 bis 9 cm breite, ungefähr 4 cm hohe Lache (quarre, carre) in den Baum gehackt, die ca. 1 cm tief in den Splint hinein reicht. Am unteren Rande dieser Lache wird vermittelst eines meißelartigen, breiten Werkzeuges (crampon) ein gewölbter oder auch zwei gerade, zueinander schräg geneigte Blechstreifen eingesetzt, die zur Ableitung des Harzes in den darunter

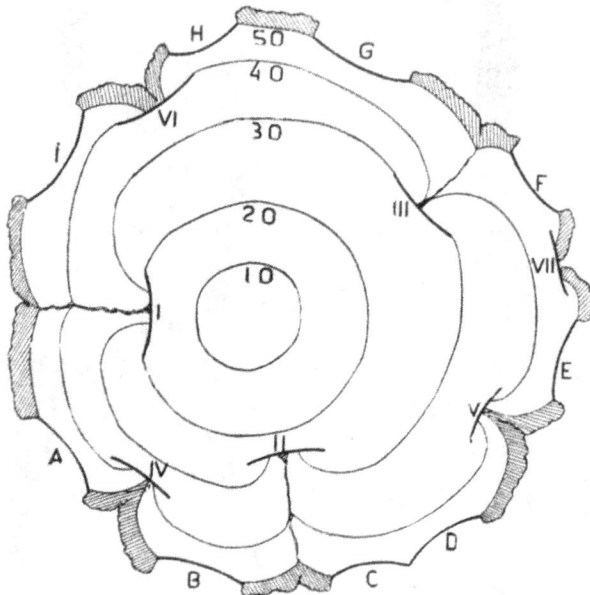

Abb. 15. Querschnitt eines geharzten Stammes der Strandkiefer.
I—VII = »gemmage à vie« vom 20. bis 45. Jahre.
A, B — I = »gemmage à mort« im 50. Jahre.
(Boppe: Technologie forestière.)

befindlichen Becher dienen. Der obere Rand der Lache wird alle 4 bis 5 Tage, allenfalls auch nur jede Woche frisch verwundet, vermittelst einer eigenartig gekrümmten, leichten Hacke (l'abchot)[1]) wird ein 1 bis 2 cm breiter Streifen abgehackt (piquage). Nach Mathey (761) erreicht die Lache im ersten Jahre 65 cm, im zweiten und dritten je 95, im vierten 115 cm, wird also bei vierjähriger Nutzung (rotation) 3,70 cm hoch. Diese Maße werden aber nicht streng eingehalten. In einigen Gegenden wird jede Lache 5 Jahre hindurch ständig genutzt,

---

[1]) Auch »achotte« genannt; Tschirch schreibt »hachot«.

meist aber wird nach vierjähriger Harzung ein Jahr Ruhepause eingeschaltet. Nach dieser Zeit wird an einer anderen Seite des Stam-
mes· eine neue Lache geöffnet, die ebenso behandelt wird wie die
frühere (s. Abb. 15).

Nach 6- bis 8 maliger Anlachung werden die Hauptbestandsstämme
zu Tode geharzt, ebenso wie das Durchforstungsmaterial, das einige
Jahre hindurch vor dem Aushiebe à mort geharzt wird.

Dieses Zutodeharzen besteht darin, daß der Baum auf mehreren
Seiten zugleich angelacht wird, an 4, 6, 8 bis zu 10 Orten; bei den schon
à vie geharzten Stämmen wird überall, wo zwischen den überwallten
Wunden der früheren Lachen ein Streifen glatter Rinde übrig ist, eine
Lache eingesetzt. Der so behandelte — besser gesagt: mißhandelte —
Stamm gibt verhältnismäßig viel Harz, stirbt aber in einigen Jahren
ab. Wenn der Harzausfluß versiegt, wird der Baum einfach gefällt.

Bei höheren Lachen muß das Plätzen von der Leiter aus vorgenommen werden. Zu diesem Zwecke benutzt man in Frankreich
eine einfache, eingekerbte Stange (tchangue, raselet), oft wird auch
an der Spitze derselben ein Kratzmesser befestigt, dessen andere
Seite in eine Axt oder eine Spitzhacke ausläuft. Diese wird in den
Baum geschlagen, um der Leiter festen Halt zu geben, worauf der
Arbeiter daran hinaufklimmt.

Zum Scharren wird die Stange einfach umgedreht und das Harz
mittelst des Kratzeisens abgekratzt.

Ein Stamm liefert nach M a t h e y bei gemmage à vie im allgemeinen
nach je einer Lache 1 bis 2 l Rohbalsam (résine) jährlich, bei Totharzung 4 bis 10 l. Ein Baum, 30 Jahre hindurch à vie geharzt, dann
vom 70. bis 75. Jahre à mort, ergibt durchschnittlich 80 bis 85 l
Rohbalsam.

Diese Ernte besteht aus Terpentin (thérébinthine liquide), Flußharz (gemme molle) und Scharrharz. Der noch weiche Teil des letzteren (galipot) wird meist zum Flußharz gemengt, der schon verharzte
(barras) gibt das eigentliche Scharrharz.

In neuerer Zeit wurden in Frankreich auch in den Weißkiefernbeständen der Sologne, im Hügelland, Versuche mit der Harzung
vorgenommen, die nach M a t h e y s Angaben (S. 795) günstige Resultate ergeben haben.

M a t h e y behauptet, daß die Weißkiefer, nach dem H u g u e s schen
Verfahren angezapft, ebenso gute Resultate geben wird, wie die Strand-
kiefer. Doch sind die Lachen möglichst schmal zu machen, um die
Verdunstung ·zu vermindern, die Plätzungen häufiger vorzunehmen,

und auch die Gefäße in kürzeren Zeiträumen höher zu rücken, um das Abfließen zu begünstigen (s. S. 65).

Das Sammeln und der Transport des Harzes erfolgt ähnlich wie schon früher erwähnt, eingehendere Beschreibung dürfte überflüssig sein.

Die Harzwälder Frankreichs leiden ebenso wie jene Amerikas und Rußlands viel vom Feuer. Der Boden der lichten Bestände ist dicht mit Erica, Adlerfarren und anderen Pflanzen bedeckt, die bei Trockenperioden leicht Feuer fangen; das beim Scharren abspringende Harz, die beim Plätzen abfallenden, verkienten Späne, sowie das an der Lache und der Borke klebende Harz nähren das Feuer in außerordentlicher Weise, weshalb größere Waldbrände trotz aller Vorsicht und Strenge nicht zu den Seltenheiten zählen.

Zu den französischen Verfahren ist auch das Harzen der Tanne zu zählen, das in den Vogesen früher vielfach Sitte war, doch wohl auch stark zurückgegangen ist. Im deutschen Elsaß wurde die Nutzung nach 1871 verboten. (Strohmeyer, N. Z. f. F. u. L., S. 432.)

Dieses Verfahren weicht bedeutend von allen anderen ab. Die Tanne scheidet Harz — abgesehen von gewissen Fällen — nur in der Rinde aus, wo selbes sich in aufgetriebenen Beulen ansammelt, aus denen der sehr leichtflüssige, fast farblose Balsam nach Verletzung sogleich austritt. Zum Sammeln bedient man sich geeigneter Werkzeuge, die speziell zu diesem Zwecke angefertigt werden, eines derselben fügen wir nach Strohmeyers Zeichnung hier bei (Abb. 16).

Mit der scharfen Spitze werden die Beulen von unten angestochen und der Balsam in das Gefäß gelassen. Die Harzung wurde meist in den Monaten Mai und Juni vorgenommen, am besten eignen sich dazu jüngere Bestände von 20 bis 40 Jahren. Im allgemeinen lieferten rd. 100 Stämme 1 kg Balsam, die Arbeit ist also nur sehr wenig ergiebig, doch steht der Rohbalsam (Straßburger Terpentin) in hohem Preise. Dieses Verfahren wäre auch bei der Douglasie am Platze, die ja schon in ziemlich großer Menge in unseren Wäldern zu finden ist.

Abb. 16.
Werkzeug
zur
Tannen-
harzung.

Nach Jedlinskis Mitteilungen wurde das französische Verfahren in den österreichisch-ungarischen Okkupationsgebieten in Russisch-Polen angewendet und wurden ca. 900000 Stück, meist 60- bis 80-jährige Weißkiefern angelacht. Jedlinski nimmt die maximale

Harzausbeute eines Stammes im Jahr mit 1,5 kg an, was in Anbetracht der nördlichen Lage des Standortes befriedigend ist, um so mehr, als — wie es scheint — nur eine Lache pro Stamm gemacht wurde. Nachträglich erfahren wir, daß der Durchschnittsertrag pro Stamm im ersten Jahre infolge des nicht ganz entsprechenden Verfahrens nicht über 0,2 kg stieg.

Auch in Rußland versuchte man das französische Verfahren an der Weißkiefer. Über die Ergebnisse dieser Versuche berichtet Forstmeister E. v. Stryk im »Jahresberichte des Vereines baltischer Forstleute für 1913«.

Wolkow ließ in den Forsten von Skierniewice (Polen) 3745 Weißkiefern von französischen Arbeitern anlachen und erhielt bei einer Lache 0,86 kg, bei vier Lachen aber rd. 3 kg Rohbalsam. In Ostrowiec ergaben die Versuche bei vier Lachen durchschnittlich 3,07 kg, bei zwei Lachen 1,35 kg.

In Livland wurden im Jahre 1912 bei Anlachung von rd. 10000 Weißkiefern erheblich schwächere Ergebnisse erzielt, bei vierseitiger Lachung ergab ein Stamm ungefähr 1 kg Balsam. Eine Lache gab 0,33 zwei pro Stamm 0,57 kg.

Bei unseren eigenen — leider unterbrochenen — Versuchen erhielten wir bei diesem Verfahren auch nur sehr geringe Mengen und blieb das Ergebnis erheblich geringer wie bei dem amerikanischen Rillverfahren und dem Anbohren (s. dort).

Das portugiesische Verfahren.

In Portugal wird tief unten am Stamm der Seestrandskiefer eine Lache gemacht, die fast die Hälfte des Stammumfanges erreicht. Am unteren Rande dieser Lache macht man einen Einschnitt in das Holz in der Form eines stumpfen Winkels, dessen Spitze nach unten gerichtet ist, die beiden Schenkel sind bogenförmig nach oben gekrümmt (s. Abb. 17).

In diesen Einschnitt wird ein Traufblech eingetrieben, ober demselben die Rinde und der äußerste Teil des Splintes ungefähr in Handbreite abgenommen. Die Lache wird

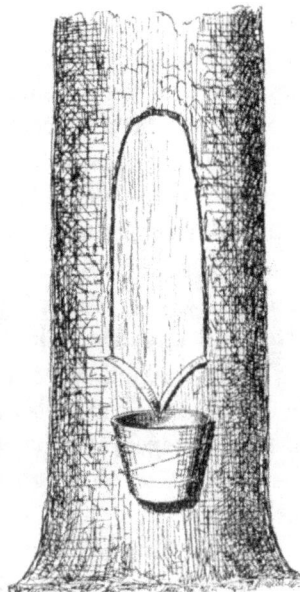

Abb. 17.
Portugiesische Harzung.

den Sommer über nach oben erweitert und erreicht im ersten Jahr
etwas über einen halben Meter Höhe. Ein Auffanggefäß wird unter
das Traufblech auf die Erde gestellt.

Im nächsten Jahre wird das gleiche Verfahren ca. 20 cm oberhalb der vorjährigen Lache wiederholt, der Topf nunmehr am Baume
aufgehängt.

Das russische Verfahren.

In Rußland — im Gouvernement Archangelsk und Vologda —
wird die Harzung der Weißkiefer in großem Maße betrieben, doch
ist das Verfahren ziemlich primitiv und wird nur auf Scharrharz
gearbeitet.

Die Stämme werden von der Basis bis zu 0,7 bis 1 m Höhe ge-
schält, nur an einer — meist der nördlichen — Seite bleibt ein 4 bis
5 cm breiter Streifen Rinde unberührt, um die Lebenstätigkeit des
Baumes zu erhalten. Jährlich wird im Frühjahr ein gleiches Stück
Rinde abgenommen, das am Stamme ausgetretene und angetrocknete
Harz wird abgekratzt. Dies geschieht 5 Jahre hindurch. Im letzten
Jahre wird auch der unberührt gebliebene Rindenstreifen geschält
und im nächsten Jahr der ohnehin schon siechende Stamm gefällt.

Das gewonnene Scharrharz enthält ca. 20% Holzabfall. Auf je
10 m³ Holz rechnet man 80 bis 130 kg Scharrharz, das ungefähr 8 bis
10% Terpentin, 50% Kolophonium und ca. 30% Abfälle enthält.
Letztere werden trocken destilliert und ergeben noch 2 bis 3% Terpentin und 80% Pech.

Auch in Russisch-Polen wird die Weißkiefer geharzt, doch nach
dem französischen Verfahren, weshalb einige hierauf bezügliche Angaben dort angeführt werden.

Außerdem wird auch in Sibirien geharzt, leider war hierüber
nichts Näheres zu erfahren, doch dürfte der dortige Betrieb ziemlich groß angelegt sein.

In Finnland wird die Fichte geharzt und zwar ähnlich wie in
Deutschland vermittelst 3 bis 4 Einschnitten, aus denen das Harz all-
jährlich ausgekratzt wird, ein Stamm gibt jährlich 2 kg Rohharz.
Die Lachen werden jährlich — im ganzen bis zu 3 m — nach oben
verlängert.

Der Vollständigkeit halber erwähnen wir hier, daß nach Mitteilung
des Waldmanipulanten Kusel, der die vom k. u. k. Kreiskommando
in Uzice (Serbien) vorgenommenen Harzungen leitete, ihm ein russischer
Kriegsgefangener erzählte, daß in Sibirien Harzungen vermittelst

Einpressung von Wasserdampf in den angelachten Stamm vorgenommen wurde. Näheres über dieses angebliche Verfahren konnten wir nicht erfahren, da der erwähnte Kriegsgefangene inzwischen entwichen war. Es wäre dieses Verfahren ein Gegenstück zu Kubelkas (automatischer) Saugwirkung, mit dem Unterschied, daß — theoretisch wenigstens — ein ziemlich starker Druck ausgeübt werden könnte, während bei Kubelka stets nur von einem Bruchteile einer — negativen — Atmosphäre die Rede sein kann, auch könnte durch den heißen Dampf eine Erwärmung des Balsams, also eine günstigere Flüssigkeit desselben erzielt werden.

Wir besitzen wohl keinerlei positive Anhaltspunkte zur Beurteilung dieses Verfahrens, doch können wir gewisse Bedenken nicht verhehlen. Theoretisch läßt sich wohl die Durchführbarkeit nicht bezweifeln, doch die Ergiebigkeit und Rentabilität scheint uns sehr unsicher. Es ließe sich ja auch im besten Falle nur das in den Harzkanälen befindliche »primäre« Harz gewinnen, dessen Menge nach Tschirch gering ist und eine weitere Lebenstätigkeit des Baumes erscheint ausgeschlossen, da ja der Baum nach so intensiver Einwirkung heißer, ja überhitzter Dämpfe absterben muß.

Die amerikanischen Verfahren.

In dem großangelegten Harzungsbetrieb der immensen Kiefernwaldungen Nordamerikas haben sich verschiedene Harzungsverfahren herausgebildet, die teils aus dem österreichischen, teils aus dem französischen entstanden sein dürften und eine wesentliche Verbesserung dieser Verfahren bedeuten. Auch ein ganz neues Verfahren stammt aus Amerika, das Bohrverfahren Gilmers, das aber auch in gewisser Beziehung einen Vorläufer im Tiroler Bohrverfahren hat, allerdings in seiner Ausführung erheblich von diesem abweicht[1]).

Die mit offenen Lachen arbeitenden Verfahren lassen sich in zwei Gruppen teilen: das Box-System und das Cup-System. (Grandel- und Becherverfahren.)

Beide Verfahren fußen auf dem ständig wiederholten Verwunden des Splintes, charakteristisch aber ist — worin ein großer Vorteil liegt —, daß beide die Axt bzw. den Dechsel verbannen und einen Reißhaken (»hack« und »puller«) zum Plätzen verwenden[1]) (Abb. 19). Dieser

---

[1]) Inwieweit ein von Kubelka erwähntes französisches Bohrverfahren als Vorbild zum Gilmerschen betrachtet werden kann, können wir nicht beurteilen, da das fragliche Verfahren nur erwähnt, aber nicht beschrieben ist, und wir uns auch anderweit keine Kenntnis darüber verschaffen konnten.

gleicht im wesentlichen dem Reißhaken, der in der Forstwirtschaft zum Auszeichnen von Durchforstungen usw. dient, ist aber größer gehalten und mit einem entsprechenden Stiel versehen. Mit diesem werden gerade Rillen in die Stämme gerissen, die — schräg nach abwärts verlaufend — auch das Harz in diese Richtung leiten. Durch symmetrisches Anordnen dieser Rillen entstehen zweiteilige Lachen, deren Wundränder im Gegensatz zu der geraden oder etwas gewölbten Linie der schon bekannten Lachen einen mit der Spitze nach unten gekehrten Winkel bilden. Bei der gleichen Lachenbreite ergibt dies eine längere Wunde, also auch reichlicheren Harzausfluß[2]), der infolge

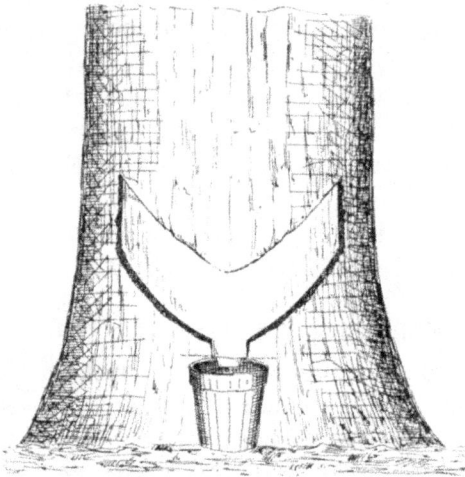

Abb. 18. Schulerprozeß.
(Bastian und Trimble.)

Abb. 19. Amer. Reißhacken
nach Schorger und Betts
$1/_{10}$ d. nat. Größe.

der von den Rändern gegen die Mitte gerichteten Abflußrillen zum größten Teile gegen die Mitte strömt, weshalb der Abfluß erleichtert und ergiebiger gemacht wird.

---

[1]) Eigentümlicherweise ist dieses nach unserer Erfahrung sehr praktische Werkzeug, das in mehreren Werken erwähnt und abgebildet ist, bei den vielen Versuchen, die in neuester Zeit in Mitteleuropa eingeleitet wurden, ganz unbeachtet geblieben, obwohl es ein schnelles, leicht zu erlernendes Arbeiten gestattet, dabei den Baum schont und das Abziehen ganz dünner Späne ermöglicht. Wir halten es für viel besser wie den vielverwendeten Dechsel und das Stemmeisen oder die Axt.

[2]) Als Vorläufer dieser Verfahren ist der sog. Schulerprozeß (s. Abb. 18) zu betrachten, der zuerst die gebrochene Wundlinie einführte. Auf die Vorteile dieser gebrochenen Linie wurde in der europäischen Literatur unseres Wissens zuerst von Petraschek (Zur Harznutzungsfrage. Nat. Z. f. F. u. L. S. 181) hingewiesen.

Der Vorteil des amerikanischen Verfahrens besteht also erstens in der schnelleren und gleichmäßigeren Arbeit, die der Reißer ermöglicht, und zweitens in dem längeren Wundrand, der ergiebigeren Harzfluß sichert, und dessen Form das Harz zumeist in einen Strom vereinigt.

Die Rillen dringen dabei auch weniger tief in den Splint und schmiegen sich mehr der Form des Baumes an, während die Axt und der Dechsel häufig auch unbeabsichtigterweise tiefer eindringt als notwendig wäre. Man sieht oft häßliche Wunden an Harzbäumen, bei denen des Guten entschieden zuviel getan wurde und schon das Kernholz in Mitleidenschaft gezogen erscheint.

Die Originalform des Reißers (hack) zeigt die Abb. 19, die nach Schorgers und Betts' Wiedergabe gezeichnet ist und ungefähr $1/10$ der natürlichen Größe gibt. Am Ende des ca. 45 cm langen Stieles ist ein 2,5 bis 3,5 kg schweres Eisengewicht befestigt; dies soll die Arbeit des Reißens wesentlich erleichtern, da es der schwingenden Bewegung des Armes mehr Nachdruck verleiht.

Im ersten und zweiten Jahre genügt dieser kurzstielige Reißer, wenn aber die Lache höher wird, muß der lange Reißer (puller) zur Anwendung kommen, dessen Messer das gleiche ist, aber an einem 1,5 bis 3 m langen Stiel sitzt, der kein eisernes Gewicht hat.

A. Das amerikanische Grandelverfahren.
(Box-System.)

Dieses ähnelt im Beginn dem österreichischen Verfahren. An der Basis des Stammes wird eine 30 bis 35 cm breite und 35 bis 40 cm hohe Kerbe (Lache) gemacht (s. Abb. 20 u. 21). Am unteren Rande desselben wird eine Höhlung (box, Grandel) in den Stamm gehauen, ca. 15 bis 18 cm tief, dabei 8 bis 10 cm in den Stamm hineinreichend, die Breite entspricht der Lachenbreite. Zur Anfertigung der Lache, die zeitlich noch vor dem Frühjahr, schon während und gegen Ende des Winters, erfolgt, verwendet man gewöhnliche Äxte und Sägen, zum Grandel dagegen lange, dünne Äxte.

Im Frühjahr, 2 bis 3 Wochen vor Beginn der Vegetationstätigkeit, wird die Grandellache ausgeeckt (cornering), d. h. rechts und links werden vom Rande der Lache zwei senkrechte Einschnitte in die Rinde gemacht, bis gut handbreit ober die Lache, dann von denselben zur Spitze der Lache zwei schräge Schnitte geführt, zueinander ungefähr im Rechteck; die so abgetrennte Rinde wird abgeschält. Es entstehen beiderseits der Lache zwei Spitzen, oberhalb derselben aber bleibt

die Rinde in einem Dreiecke stehen, dessen Schenkel ungefähr einen
rechten Winkel ergeben und das mit der Spitze auf der Lache steht.
Parallel mit den Schenkeln dieses Dreieckes wird rechts und links
mit dem Reißer je eine Rille (streak) eingerissen (chipping). Das Anreißen beginnt im Frühling und wird — um ungefähr je eine Rillen-
breite höher rückend — wöchentlich einmal bis zum Herbst, bis zum
Einsetzen der kalten Witterung, wiederholt. Im Durchschnitt werden
jährlich 28 bis 35 Doppelrillen — rechts und links — gemacht.

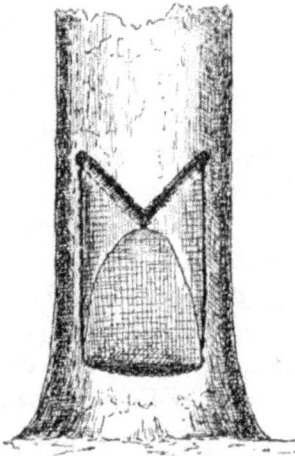

Abb. 20. Vorderansicht.   Abb. 21. Seitenansicht.
Das amerikanische Grandelverfahren.

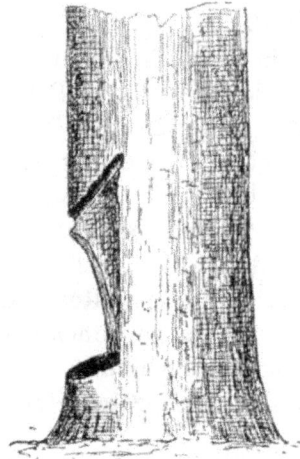

Die Tiefe einer Rille beträgt 1,5 bis 4 cm[1]), vom Rande des Holzkörpers gemessen, so tief dringt also die Rille in den Splint ein.

Alle 3 bis 4 Wochen wird das in den Grandeln angesammelte
Harz herausgeschöpft (dipping), wozu ein 20 bis 30 cm langer und
12 cm breiter Löffel dient. Dies gibt das Flußharz (dip).

Das an der Lache angetrocknete Harz wird von Zeit zu Zeit —
meist nur einmal jährlich, nach dem letzten Ausfassen — abgekratzt
(scraping) und liefert das Scharrharz (scrape).

Bei niederen Lachen wird zum Scharren ein meißelartiges Werkzeug benützt (pusher), dessen viereckige Klinge 10 cm lang und 9 bis
12 cm breit ist. Mit diesem wird von oben nach unten stoßend ge-
kratzt, daher der Name pusher (Stoßer). Bei höheren Lachen bedient
man sich eines dreieckigen Eisens, das an einem langen Stiele befestigt wird.

----

[1]) Im Original ½ bis 1 ½ inch (amerikanische), also 1,25 bis 3,75 cm.

B. Das amerikanische Becherverfahren.

(Cup-System.)

Wie in Frankreich fand man auch in Amerika bald, daß das Grandel große Nachteile für den Baum und den Bestand birgt, weshalb man an Stelle desselben ein Auffanggefäß gab. Nach Schorgers und Betts' Schätzung sind schon ca. 75% der in den Vereinigten Staaten von Nordamerika geharzten Stämme mit Auffanggefäßen (Bechern) versehen. Schorger und Betts geben viererlei Arten dieses Verfahrens an.

1. Becher und Rinnen. (Cup and gutters.) (Abb. 22.)

Der Stamm wird nicht gekerbt (kein Grandel gemacht), sondern nur mit Reißhaken angerissen. Unterhalb der Rillen wird beiderseits je eine Blechrinne angebracht. Zwischen Rille und Blechrinne wird soviel von der Borke und dem Splint weggenommen, daß zwei ebene, zueinander in stumpfem Winkel geneigte Flächen entstehen. Am unteren Rande derselben wird mit der Axt ein langer, schräger Einschnitt in den Baum gemacht, in welchen die eine Seite der Blechrinne hineingedrückt wird, so daß die tieferstehenden Enden in der Mitte der Lache übereinander zu stehen kommen. Die Blechrinnen werden aus einem ungefähr 5 bis 10 cm breiten und 15 bis 30 cm langen Stück Blech gemacht, indem man selbes einfach der Länge nach zu einem stumpfen Winkel zusammenbiegt.

Abb. 22 Becher und Rinnen.

In diese Rinnen fließt das Harz, rinnt denselben entlang, von der oberen in die untere, die das ganze Harz in den darunter befindlichen Becher führt.

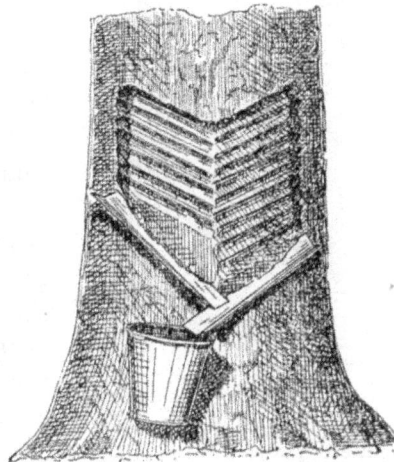

Der schräge Einschnitt muß gerade und glatt sein, daß die Rinne gut sitzt und genau dareinpaßt, sonst fließt das Harz zwischen Rinne und Holz ab.

Die eine Rinne muß etwas höher stehen und mit dem unteren Ende genau in die andere Rinne münden, auch muß die Stelle, wo die obere Rinne aus dem Stamme austritt, ober die untere Rinne fallen. Die untere Rinne muß ca. 5 cm über das Ende der oberen

und über die Mitte der Lache hinaus reichen, daß alles Harz in die
Rinnen komme. Die Form und Größe des Bechers ist nebensächlich,
meist wird Kübel- oder Zylinderform benutzt, welche ein bequemes
Ausleeren gestatten. Inhalt ungefähr 1 bis 2 l. Er wird aus Blech
oder Ton gemacht.

Der Becher wird knapp unter den Rinnen an einen Nagel gehängt, er soll samt den Rillen möglichst tief an der Basis des Baumes
angebracht sein.

2. Becher und Schürze. (Cup and apron.) (Abb. 23.)

Das Anlachen erfolgt ganz auf dieselbe Weise wie bei dem früh-
heren Verfahren vermittelst Anreißen, zum Auffangen des abfließenden Harzes aber dient ein trapezförmiges Blechstück, die Schürze,
die unterhalb der Rillen quer im Baum-
stamme befestigt wird. Die längere
Kante der Schürze mißt ca. 35 bis 40 cm,
die kürzere 20 bis 30 cm, die Höhe 10
bis 15 cm. Die dem Baume zugekehrte
Seite wird dem Umfange des Stammes
entsprechend ausgeschnitten, um voll-
kommenere Anschmiegung zu erzielen.
Denselben Zweck versucht man mittelst
geteilter Schürzen zu erreichen, die an
einer Stelle drehbar aneinander genietet
werden, also je nach Dicke des Baumes
verstellbar sind; zum besseren Befestigen
wird der innere Rand oft auch mit

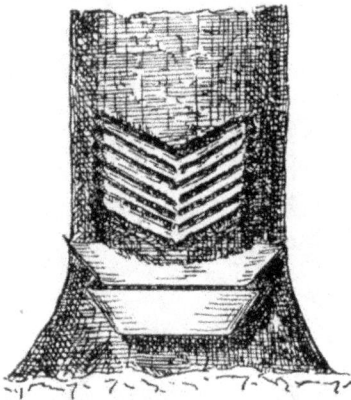

Abb. 28. Becher und Schürze.

Zähnen versehen. — Die äußeren seitlichen Ränder werden aufge-
bogen, so daß die Schürze eine flache Mulde bildet.

Beim Einsetzen der Schürze wird zuerst ein ungefähr 15 cm
breiter und 5 cm hoher Streifen Rinde abgenommen und am unteren
Rande desselben mit einer Axt ein Einschnitt gemacht. Hierzu bedient man sich in Amerika einer Axt mit konkaver Schneide, die
ein Arbeiter wagerecht, mit der Schneide schräg aufwärts gerichtet,
an den Stamm hält, während der andere sie mit einem Holzhammer
in das Holz eintreibt. Nach dem Herausziehen der Axt wird die
Schürze an deren Stelle in den Spalt hineingedrückt, darunter ein
längliches, viereckiges Auffanggefäß gegeben.

Dieses Gefäß — ein kleiner Trog — wird ebenfalls aus Blech oder
Ton gemacht, ist 30 bis 35 cm lang, 7 bis 8 cm tief und ebenso breit,

unten schmäler wie oben und wird an die Schürze selbst oder — besser — unter der Schürze vermittelst zwei Nägeln an den Baum gehängt.

3. Becher ohne Rinnen und Schürze.   (Cup without gutters or apron.)   (Abb. 24.)

Das Auffanggefäß ist aus einem Stück Blech so angefertigt, daß es die Rinnen und Schürze überflüssig macht.

Die Basis des Stammes wird eingekerbt, so daß eine schräg nach abwärts gehende, glatte Schnittfläche entsteht, ober derselben aber bis zu den Harzrillen ein stumpfwinkliger Rindenstreifen bleibt in ca. 3 bis 5 cm Breite. Unter diesen Streifen wird das Auffangblech

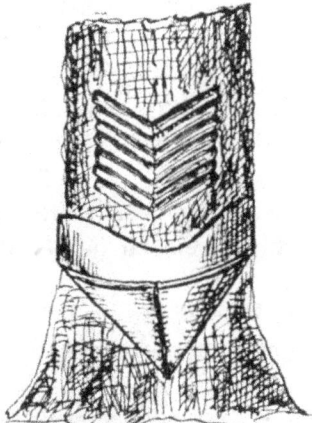

Abb. 24.
Becher ohne Rinnen und Schürze.

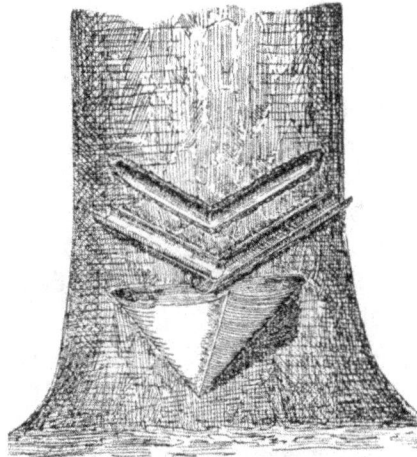

Abb. 25.
Verstellbare Rinnen.

eingeschoben, so daß es auf der unteren Schnittfläche der Kerbe glatt aufliege und daran mit zwei Nägeln befestigt werden könne. Der obere Rand des Harzbehälters wird auch hier entsprechend ausgeschnitten, um ein genaues Anpassen zu ermöglichen.

Das Anreißen geschieht in ähnlicher Weise wie bei den früheren Verfahren.

4. Verstellbare Rinnen.   (Adjustable gutter.)   (Abb. 25.)

Zwei Rinnen werden an einem Ende mit einer Niete so zusammengeheftet, daß selbe bis zu einem gewissen Grade beweglich sind und zueinander in verschiedenen Winkeln eingestellt werden können.

Zur Einsetzung der Rinnen ist eine tiefer in den Baum gerissene Rille notwendig (shadestreak), in welcher die Rinne mit zwei Nägeln

festgeheftet wird, der Becher kommt unter die Rinnen. Das Anreißen erfolgt wie sonst.

Das Ansetzen dieser Rinnen erfordert nur einen Arbeiter und
keinerlei besondere Werkzeuge, auch braucht man nur eine — etwas
tiefere — Rille dazu. Dieselben sind auf Bäumen jeden Durchmes-
sers ohne weiteres anzubringen. Das Ansetzen erfordert aber besondere Vorsicht, die Rillen müssen ganz gerade sein, daß die Rinnen
genau anliegen und das Abfließen des Harzes zwischen Baum und
Rinne vermieden werde.

Bei der Durchführung der Harzungen gelten in Amerika folgende
Regeln (Schorger und Betts).

1. Bäume unter 25 cm Durchmesser sollen nicht geharzt werden.
Mehr als zwei Lachen sollen überhaupt nicht gemacht werden, zwei
dürfen auch nur an Bäumen von über 40 cm angebracht werden.

2. Bei Bäumen von 25 bis 40 cm soll die Lachenbreite 30 cm
nicht überschreiten, auch bei dickeren nicht über 35 cm reichen.

3. In dem ersten Jahre der Harzung soll die Lachenhöhe nicht
über 40 cm steigen.

4. Die gerissenen Rillen sollen nicht über 4 cm (3,75) breit sein
und nicht mehr als 4 cm tief in den Splint hineinreichen (ohne Rinde
gerechnet).

5. Vor der Harzung muß von der ganzen Fläche, die im laufenden
Jahre gelacht werden wird, die tote Borke entfernt werden, doch darf
hierbei die lebende Rinde nicht verletzt werden.

6. Gegen den Winter zu muß in einem Umkreis von wenigstens
60 bis 70 cm aller Abfall um den Baum herum entfernt werden
(racking).

Jeder Arbeiter bekommt einen gewissen Teil des Waldes zu-
gewiesen (crop), der so viele Bäume umfaßt, als ein Arbeiter in fünf
Tagen anreißen kann. Man rechnet gewöhnlich 10500 Lachen auf
einen crop, was ungefähr 7000 bis 10000 Stämmen entspricht.

Zur Erleichterung der Orientierung wird jeder crop auf kleinere
Abteilungen — drift — aufgeteilt, deren Abgrenzung mit Ölfarben
an den Stämmen ersichtlich gemacht wird.

Das Bohrverfahren.

Mit den Harzungen vermittelst offener Wunden ist stets der
Nachteil verbunden, daß ein gewisser Teil des Rohbalsams und zwar
eben das wertvolle, leichtflüssige Öl infolge Verdampfung entweicht,
weiters, daß ein sehr beträchtlicher Teil des ausfließenden Harzes

an den Stamm antrocknet und abgekratzt werden muß. Dieses Scharrharz ist — wie oben erwähnt — sehr arm an Terpentin, infolge der
Oxydation auch dunkel gefärbt, weshalb es an Wert sehr hinter
dem Flußharz zurücksteht. Aber

auch das Flußharz, welches über
eine trockene und gebräunte Harzschicht abfließt, verliert an Wert,
da es Teile derselben auflöst und
in sich aufnimmt. Beim Abkratzen
geht weiters ein Teil der Harz-
kruste infolge Abspringens verloren.
Durch geeignetes Nutzungsverfah-
ren lassen sich diese Nachteile bis
zu einem gewissen Grade verringern,
bleiben aber dennoch sehr fühlbar.

Es ist also leicht verständ-
lich, daß man auf Mittel und Wege
sann, welche eine möglichst weitgehende Vermeidung der obigen
Nachteile gestatten.

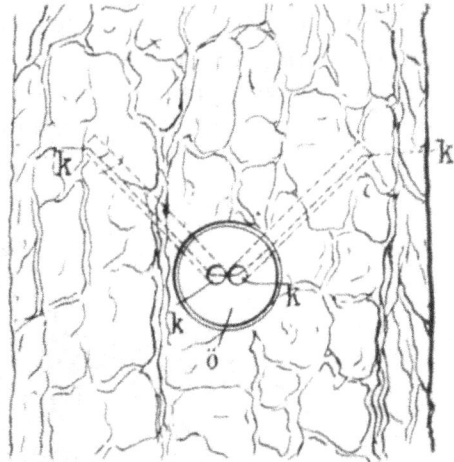

Abb. 26. Gilmers Bohrverfahren.
Vorderansicht.
k—k = Sammelkanäle, *δ* = Ansatzscheibe.

Ein solches Verfahren stammt von dem Amerikaner Gilmer;
dieses wurde in der europäischen forstlichen Literatur durch Petraschek bekannt gemacht (s. Abb. 26, 27 u. 28). Es wurden auch damit
schon vor mehreren Jahren prak-
tische Versuche in Niederösterreich gemacht, doch gelang es uns
leider nicht zu erfahren, wo und
mit welchem Erfolge. Eben aus
dem Stillschweigen, womit man
diese Versuche überging, schließen
wir, daß die Erfolge nicht er-
mutigend gewesen sein dürften.

Gilmer läßt nach dem Röten
der Borke ein seichtes Loch von
8 cm Durchmesser wagerecht in
den Stamm bohren, welches aber
nur bis zum Rande des Splintes
reicht. Die Ränder des Bohrloches
müssen ganz glatt sein, daß der an-
zusetzende Harzsammler mit den-

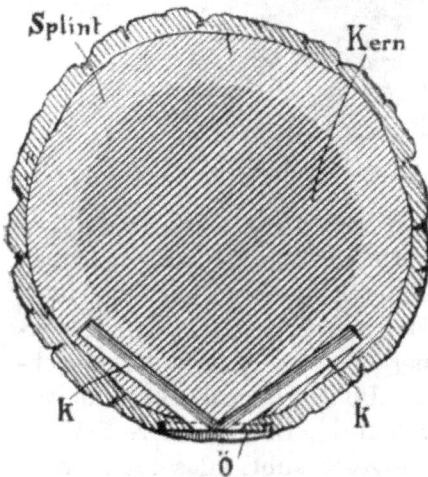

Abb. 27. Gilmers Bohrverfahren.
Querschnitt.
k = Sammelkanäle, *δ* = Ansatzscheibe.

selben genau schließen könne. Von der Mitte des Bohrloches ausgehend, werden zwei schräg nach außen und oben gerichtete Kanäle
von je 2 cm Durchmesser gebohrt. Diese sollen ca. 10 bis 20 cm lang
unter einem Winkel von etwa 45° in den Splint hinreinreichen und
nur die jüngsten Jahresringe desselben durchschneiden und dürfen
die Rinde nirgends durchbrechen. Der Harzsammelapparat Gilmers
besteht aus zwei Teilen. Der eine ist aus Blech gestanzt und setzt
sich aus zwei Scheiben zusammen, die — unter rechtem Winkel

Abb. 28. Gilmers Harzsammler am Stamme angeschlagen.

zueinander geneigt — sich berühren und vermittelst eines dreieckigen
Verbindungsstückes fest miteinander verbunden sind. Beide Scheiben
haben einen überstehenden Rand (Flansch), welcher bei der nach
unten gerichteten Scheibe mit einem flachen Schraubengewinde versehen ist, die obere Scheibe ist an einer oder an zwei Stellen durchlocht. Diese obere Scheibe wird in das Bohrloch gedrückt und vermittelst Nägeln fest an den Stamm geheftet. In die untere Scheibe
wird ein entsprechendes Glasgefäß eingeschraubt, das zum Auffangen des ausfließenden Balsams dient, womit der Apparat fertig
anmontiert ist.

Das Harz fließt aus den Kanälen in die obere Scheibe und von dort durch das Verbindungsstück in das Glasgefäß. In die Öffnung der unteren Scheibe ragt eine Blechzunge, die das Abtropfen des Harzes erleichtern und in die Mitte der Glasbirne leiten soll.

Das Harz fließt also tatsächlich in ganz geschlossenen Gefäßen und kommt mit der Luft nur in äußerst geringem Maße in Berührung, weshalb die leichtflüchtigen Terpentinöle nur einen unmerklichen Verlust erleiden können. Außerdem aber sind Verunreinigungen durch abfallende Späne, Borkenstücke, Nadeln, Insekten, Regenwasser usw. ganz ausgeschlossen.

Das Ansetzen der Harzsammler erfolgt in Nordamerika gegen Ende des Monats Februar oder Anfangs März. Es werden pro Stamm mehrere Gefäße zugleich angebracht, zuerst möglichst tief am Stamme. In Abständen von 1 bis 3 Monaten werden die Zuführungskanäle nachgebohrt, jedesmal um ca. 2 mm im Durchmesser. Wenn kein Abfluß von einer Stelle mehr stattfindet, werden die Kanäle mit Holzpfropfen verschlossen und der Sammelapparat an anderer Stelle wieder angeschlagen.

Sichere Angaben über die amerikanischen Ergebnisse dieser Art Harzung konnten wir nicht bekommen. Schorger und Betts gleiten mit flüchtiger Erwähnung darüber hinweg. Nach Petrascheks Mitteilungen soll sich der Betrieb in Amerika als zu kostspielig erwiesen haben. Ebendort wird auch erwähnt, daß nach einigen in der kgl. preußischen Oberförsterei Chorin vorgenommenen Versuchen das Verfahren wegen der vielen und tiefen Wunden für Nutzholzstämme als unanwendbar bezeichnet wurde.

Andere Verfahren.

Es wurden — besonders in neuerer Zeit — außer den beschriebenen noch verschiedene andere Harzungsverfahren in Vorschlag gebracht und teils auch erprobt.

So veröffentlicht Kubelka ein Bohrverfahren, das im Prinzipe dem Gilmerschen gleich ist. Die Anbohrung erfolgt ganz nach Gilmers Weisungen, die Sammelapparate — Kubelka fertigte zwei solche an — weisen gewisse Abweichungen auf (s. Abb. 29, 30 u. 31).

Kubelkas erster Harzsammler besteht aus zwei Teilen, der obere aus einer gußeisernen Knieröhre (R) von 54 mm lichter Weite, deren eines Ende einen abgeschrägten, scharfen Rand, das andere dagegen einen scheibenförmigen Ansatz aufweist, der zur Aufnahme des glä-

sernen Sammelgefäßes dient, welches vermittelst eines Bajonnetver-
schlusses an einen Flansch der Scheibe angesetzt werden kann.

Innen ist ein vorstehender Ring an der Scheibe angebracht, der
als Tropfring dient und das Harz in das Glasgefäß abfließen läßt.
Auch ist ein kleines Kugelventil eingesetzt, derart, daß die Luft aus

Längsschnitt.

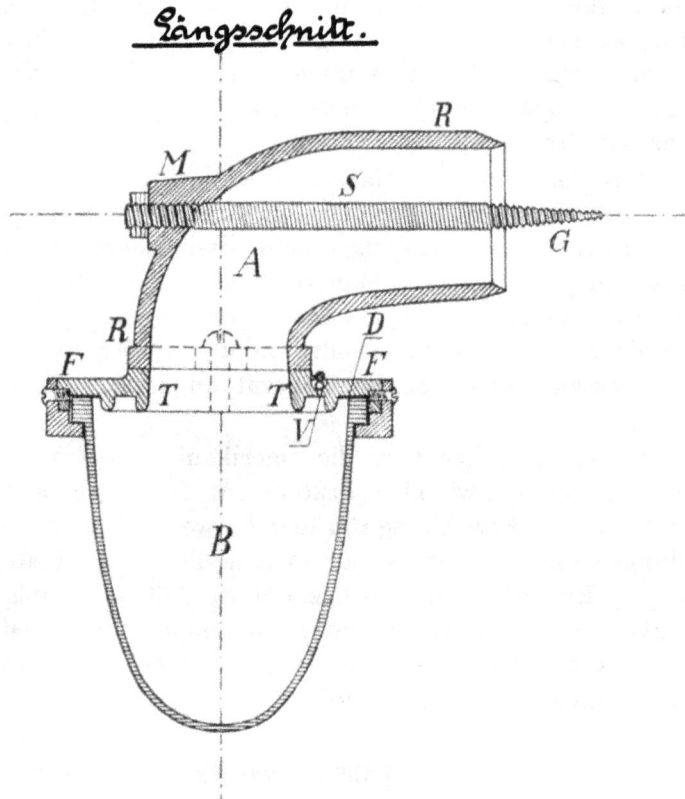

Darstellung in ⅓ der natürlichen Größe.

Abb. 29. Kubelkas Harzsammler. Durchschnitt.

dem Inneren entweichen kann. Zur Ansetzung an den Baum dient
eine lange Schraube, deren Kopfende in den Harzsammler eingesetzt
wird, die mit Gewinde versehene Spitze wird in den Stamm selbst
eingeschraubt.

Die Anbohrung erfolgt auf gleiche Weise wie beim Gilmerschen
Verfahren. Die Rinde wird gerötet und zwei mäßig ansteigende Kanäle
von 1 cm Durchmesser und mindestens 20 cm Länge gebohrt, dann
der Sammelapparat mit der Schraube angeschraubt.

Nachgebohrt werden die Kanäle nicht, nach 4 bis 14 Tagen wird der Apparat abgenommen, die Löcher werden mittelst mit Werg umwickelten Holzstöpseln verschlossen und der Apparat an einer anderen Stelle angeschlagen. Dies Umstellen soll in einer Harzungsperiode mindestens 20 mal, allenfalls bis zu 40 mal erfolgen.

Kubelka schreibt seinem Apparat eine automatisch saugende Wirkung zu, doch muß der ganze Apparat überall luftdicht schließen und auch an den Stamm luftdicht angesetzt sein. Zur Benutzung im forstlichen Betriebe ist der Apparat nach Kubelkas Angaben nicht geeignet.

Abb. 30. Kubelkas Harzsammler am Stamme angeschlagen.

Abb. 31. Kubelkas neuer Harzsammler.

Diesem Zwecke dient ein nur aus Glas gefertigtes Gefäß Kubelkas, das birnenförmig und oben mit einem zylindrischen Ansatz versehen ist (s. Abb. 31). Durch diesen Ansatz hindurch ist eine Schraube geführt, deren Kopf der Längenachse nach durchbohrt ist behufs Ermöglichung des Austrittes der Luft aus dem Inneren der Birne. Die erste Form war unten mit einer Öffnung versehen, die mittelst eines Schraubendeckels angeschlossen werden konnte, bei der neueren Form wurde diese Öffnung weggelassen, zweifellos wegen der Schwierigkeiten, die dem entsprechenden Abdichten auch unserer Erfahrung

nach sich entgegenstellten. — Beim Ansetzen dieser Birne wird
zuerst die Borke mit einem sog. Zentrumbohrer bis auf den Splint
durchbohrt, dann werden mit einem schwächeren Spiralbohrer zwei
mäßig schief nach aufwärts gehende Harzkanäle gebohrt und zuletzt mit einem ganz dünnen Nagelbohrer horizontal ein Loch in
die Mitte des ersten Bohrloches gemacht.

Sodann wird der Hals der Birne in das Bohrloch eingeführt —
beide müssen genau ineinander passen —, dann die Befestigungs-
schraube angezogen, bis der Mund des Gefäßes ganz an dem Baum
anliegt. Zur besseren Abdichtung wird der Glasrand mit einer speziellen Salbe bestrichen.

Im weiteren ist das Verfahren ganz dasselbe wie bei Kubelkas
vorerwähntem Harzsammler.

Ganz an das Gilmersche Verfahren schließt sich auch das
Schmollsche an, das nur in der Form des Apparates von demselben
abweicht.

Zwei neuere Bohrverfahren wurden von Wislicenus und Moeller
in Vorschlag gebracht.

Wislicenus (s. Abb. 32, 33 u. 34) weicht von der Gilmerschen
Bohrung insofern ab, als er die Sammelkanäle nicht von einer Stelle
ausgehend, vom Mittelpunkt gegen außen hin bohrt, sondern um-
gekehrt, von außen anfangend, gegen den Treffpunkt der beiden
Kanäle zu. Die äußeren Enden werden sogleich nach der Fertig-
lung mit Korkstöpseln geschlossen. Statt besonderer Apparate benützt er Flaschen jeglicher Art und Größe, deren Hals in ein bis zum
Kern reichendes Bohrloch eingepreßt wird. Die Lage der Flaschen
wird außerdem noch durch Drahtschlingen gesichert, die an in den
Stamm geschlagenen Nägeln befestigt sind (D. F. Z. 1916, S. 27).

Auch die Anbringung von eisernen Knieröhren bringt Wislicenus in Vorschlag, indem er statt der Flasche ein solches Knierohr
in den Baum schraubt, an dieses die Flasche anhängt, die er in ein
mit Wasser (Regenwasser) gefülltes Blechgeschirr gibt, das zur Kühlung dienen soll.

Moellers Verfahren ist (s. Abb. 35 u. 36) einfacher (D. F. Z. 37).
Auch Moeller benützt Knieröhren, an welche er — möglichst gut ab-
gedichtet — eine beliebige Flasche hängt. Von einem Loche ausgehend,
bohrt er — mäßig ansteigend — mehrere Löcher übereinander in
den Splint, welche das ausfließende Harz in die Knieröhre und von
dort in die Sammelflasche leiten.

Anschließend sei hier noch das Verfahren Mayrs (S. 87) und jenes Petrascheks N. Z. f. F. u. L (S. 188) erwähnt, die aber unseres Wissens praktisch nicht erprobt wurden.

Mayr bohrt zunächst ein schief nach oben gerichtetes Loch radial durch die Rinde bis in den Holzkörper, in dieses wird eine entsprechend dicke Ausflußrinne gesteckt. Hierauf wird von dem Bohrloche senkrecht aufwärts die Rinde in ca. 50 cm Länge ganz

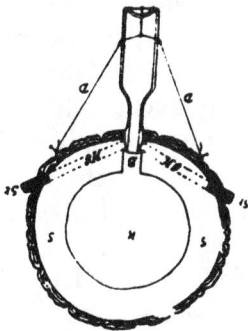

Abb. 32.

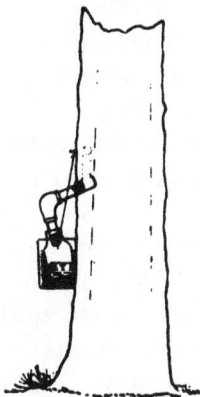

Abb. 33.

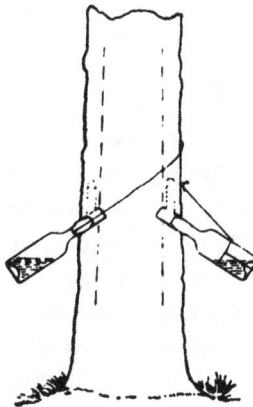

Abb. 35.

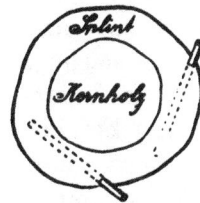

Abb. 34.
Wislicenussche
Kiefernharzung.

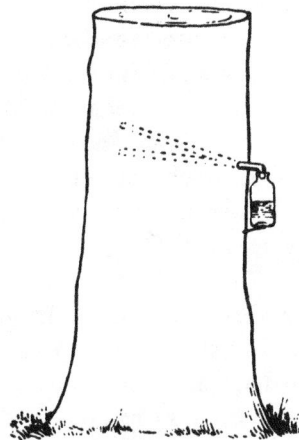

Abb. 36.
Moellersche Kiefern-
harzung.

durchschnitten, dann zu beiden Seiten dieses Einschnittes die Rinde vorsichtig gehoben, ohne selbe einzureißen. Unter die losgelöste Rinde werden gefaltete Blechstreifen eingeschoben, vom mittleren Schnitt schräg aufwärts gerichtet, dieselben sollen einesteils das Anlegen der Rinde an das Holz verhindern, andernteils das austretende Harz zur Ausflußöffnung leiten. Eben deshalb werden die beiden untersten Blechstreifen so eingelegt, daß ihre Enden in die Ausflußrinne münden.

Diese Harzung will Mayr mehrere Jahre hindurch fortführen in der Weise, daß der Rindeneinschnitt und das Loslösen derselben nach obenhin fortgesetzt, die unteren Teile aber — nach Entfernung der Blechstreifen — an dem Stamm angenagelt werden.

Zum Auffangen des Harzes dient ein Gefäß mit trichterförmigem Deckel, dessen Mitte durchlocht ist, womit die Verunreinigung des Harzes und die Verflüchtigung des Terpentinöles aufs äußerste beschränkt wird.

Petraschek will — ausgehend von dem Verfahren Schulers. (s. Abb. 18) — einen Lachenschnitt anbringen in ähnlicher Dreieckform wie die amerikanischen Harzlachen zeigen. Jedes Jahr wird eine neue solche Lache ober der vorjährigen angebracht. Zur Ableitung des Harzes wird ein Traufblech an der unteren Spitze der Lache angebracht, außerdem kann die Lache auch mit einem Reißer schräg gegen die untere Spitze hin angerissen und auch mit Leitspänen besteckt werden.

Weiters wollen wir auch noch erwähnen, daß in Norditalien (Piemont) die Lärche in ähnlicher Weise geharzt wird, wie dies beim steirischen Verfahren geschieht, und daß in Spanien und in Griechenland die Seestrandkiefer bzw. die Aleppokiefer geharzt wird.

Das spanische Verfahren ist nach Andés dem portugiesischen ähnlich, in Griechenland werden die Stämme bis in die Mitte eingehauen, dann in der Höhe von 1 m abgeschrägt. Das Verfahren ist also noch schonungsloser wie das österreichische; Andés bemerkt auch hierzu, daß die Stämme zwar viel Harz geben, aber dem ersten Sturm zum Opfer fallen.

Ein Verfahren, das die Mitte zwischen dem niederösterreichischen Verfahren und dem französischen gemmage à mort hält, sahen wir im Großbetriebe an Schwarzkiefern in Serbien. Die Harzungen wurden auf Anordnung des Militär - General - Gouvernements vom k. u. k. Kreiskommando in Uzice vorgenommen in den Beständen zwischen Kremna und Mokragora. Die dortigen Bestände sind sehr schön, stehen aber sehr räumig. Geschlossene Bestände findet man nur wenig, die Bestockung wechselt, im allgemeinen dürften ungefähr 50 bis 100 Stämme auf 1 ha entfallen. Das Alter ist meist um 200 bis 300 Jahre herum, das Wachstum — dem hohen Alter entsprechend — träge, das Holzmaterial erstklassig.

Die Exposition wechselt außerordentlich, die Hänge sind steil, felsig und steinig. Das Grundgestein ist durchwegs Serpentin.

Infolge übertriebener Beweidung ist die Gefahr der Verkarstung groß, besonders an den Südlehnen.

Der Leiter der Arbeiten, Kusel, der Waldmanipulant einer großen Holzhandlungsfirma, hatte sich ein eigenes Verfahren zurechtgelegt, ein Grandelverfahren, nach Art der französischen Totharzung durchgeführt.

Ringsherum an den Stämmen wurden ungefähr in Brusthöhe 15 bis 20 cm breite, 4 bis 5 cm tief in den Holzkörper eindringende Kerben — Taschen —, eigentlich lauter kleine Grandel, gemacht. Zwischen diesen verblieb ein 5 bis 15 cm breiter, unberührter Streifen Rinde, an dünneren Bäumen fanden 4 bis 5, an dickeren 8 bis 10 Lachen Platz. Der Splint war oft bis zum Kerne, ja sogar der Kern manchmal selbst auch verwundet, die Wunde durchschnitt 20 bis 30 Jahresringe. Das Harz wurde täglich oder jeden zweiten Tag mit einem Holzspan herausgeschöpft.

Nach Verlauf von zwei Wochen wurde jede zweite Lache um ungefähr 1 m nach oben erweitert und die Rinde und ungefähr 3 bis 4 Jahresringe abgehackt, in Abständen von je zwei Wochen wurde zweimal wiederholt tiefer gehackt, bis die Tiefe der ersten Lache erreicht war. Damit war die Harzung beendet und wurde ein anderer Waldteil in Angriff genommen. Bei günstiger Witterung konnten die Arbeiter pro Mann und Tag 1 kg, bei ungünstiger ½ bis ¾ kg Flußharz — wegen Verunreinigung minderer Qualität — abliefern.

Kritische Betrachtungen über die erwähnten Verfahren. Eigene Versuche. Das ungarische Bohrverfahren.

Im Laufe des Sommers 1916 hatten wir Gelegenheit, verschiedene Harzungsverfahren teils in Großbetriebe, teils nur an einigen Stämmen praktisch zu erproben.

In größerem Maßstabe konnten wir Versuche in den Schwarzkiefernbeständen Serbiens zwischen dem Sargansattel (914 m) und Mokragora (565 m), in kleinerem Maßstabe in den Weißkiefernforsten der Marchebene, auf der fürstlich Pálffyschen Domäne Malaczka und an verschiedenen Holzarten im Lehrrevier Kisiblye der Hochschule für Forst- und Bergwesen in Selmeczbánya, in einer der k. ung. Zentralforstversuchsanstalt zu Versuchszwecken überlassenen Abteilung, schließlich an Fichten im eigenen Garten des einen der Verfasser bei Sopron durchführen.

Wir möchten vor allem vorausschicken, daß wir die Versuche noch nicht für abgeschlossen betrachten können, um so mehr, als der eine von uns krankheitshalber dieselben auf drei Monate — leider eben

die günstigsten Monate, Mai, Juni, Juli — unterbrechen mußte, die
gezogenen Schlüsse also, wenigstens zum Teile, noch einer Über-
prüfung und Bestätigung bedürfen.

Für wichtig erachten wir die Feststellung, die übrigens ganz
sicher auch Andere schon gefunden haben, daß sich gewisse Verfahren
nur für gewisse Holzarten eignen und daß eine falsche Anwendung
das Resultat zweifelhaft macht, ja geradezu zu völliger Ergebnislosig-
keit führen kann. So z. B. versagt das Bohrverfahren bei der Fichte
ganz, auch erwies sich bei dieser Holzart das wiederholte Verwunden
als fast wirkungslos. Dagegen versagte eine Anlachung ohne Wieder-
holung der Verwundung bei der Weißkiefer[1]) im Jahre 1915.

Von den Anlachungen mit offenen Wunden versuchten bzw. beobachteten wir das französische Verfahren an Weißkiefer und Schwarzkiefer, das amerikanische Anreißen an Weiß- und Schwarzkiefer,
auch an der Fichte, das russische Abschälen, sowie das deutsche bzw.
österreichische Verfahren an der Fichte und schließlich das österreichische Grandelverfahren an der Schwarzkiefer.

Von den Bohrverfahren versuchten wir das Gilmersche mit nach
Originalen angefertigten Sammlern; dieses Verfahren änderten wir auf
Grund eigener Erfahrungen in verschiedener Richtung ab· und zwar
sowohl die Gefäße, wie auch die Technik der Bohrung.

Andere Verfahren konnten wir leider noch nicht erproben. Einesteils konnten wir uns — infolge verschiedener hindernder Umstände
— die notwendigen Werkzeuge nicht verschaffen, teils stand uns
kein geschultes Arbeitermaterial zur Verfügung, ohne welches einige
Verfahren kaum durchführbar sein dürften.

Ohne entsprechend geformte Werkzeuge und Hilfsmittel aber
läßt sich das betreffende Verfahren nicht sicher beurteilen, denn
im Falle des Versagens ist man stets im ungewissen, ob das Verfahren sefbst nicht entspricht oder aber nur die Unzulänglichkeit
der Hilfsmittel zum Versagen führte.

Deshalb erachten wir auch die Anwendung von Notbehelfen
nicht für empfehlenswert, besonders bei Großbetrieben, wo es sich

---

[1]) Dieser Versuch erfolgte an 100 Stämmen der gräfl. Károlyischen Herrschaft S t o m f a (Marchebene). Die Lachen waren bis zu 60 bis 70 cm breit und
ca. 1 m hoch, je zwei an einem Baume, so daß oft kaum eine Handbreit Rinde
beiderseits am Stamme verblieb. Alter: 120 Jahre. Boden: Sand.

Die 100 Stämme ergaben nach freundlicher Mitteilung Oberforstrat H o f f-
m a n n s vom 1. Juni bis 30. Juli 6 kg Flußharz und 30 kg Scharrharz, pro Stamm
also 0,06 bzw. 0,3 kg.

um viele Tausende von Stämmen handelt, sind wir der Ansicht, daß
ein zweckmäßig konstruierter, einfacher und praktischer Apparat
weitaus bessere Resultate ergeben muß wie die Notbehelfe, denen
gewisse Mängel doch immer anhaften.

Das französische Verfahren, gemmage à vie, versuchten wir nur
an wenigen ca. 80 jährigen Weißföhrenstämmen und zwar nach den oben
(S. 43) erwähnten Weisungen Matheys mit ganz schmaler, 5 cm breiter
Lache (s. Abb. 37), die wir in Ermangelung des »abchot« mit einem
Meißel, stets nur nach oben, erweiter-
ten. Die Bäume standen in vollem
Schluß auf Westhang in ca. 500 m
Seehöhe. (Lehrrevier der forstlichen
Hochschule Selmecbánya, Ungarn).
Das Ergebnis war ganz unzureichend
und bedeutend schwächer, wie bei
dem amerikanischen Anreißen und
beim Anbohren.

An Schwarzkiefern (in Serbien)
versuchten wir das französische Verfahren — statt des abchot aber mit
gewöhnlichen, leichten Äxten — mit
ca. 14 bis 15 cm breiten Lachen. Ein
Traufblech wurde teils mit der Axt,
teils vermittelst Handsägen eingesetzt.
850 Stämme ergaben nach den Auf-
zeichnungen Forstingenieur Stefan
Vági's, der die von uns angefan-
genen Arbeiten weiterführte, bei je

Abb. 37. Französische Kiefernharzung
mit schmaler Lache.

zwei Lachen — an entgegengesetzten
Seiten — vom 5. Oktober bis zum 2. November 66 kg Rohbalsam,
pro Stamm also 0,08 kg in einem Monat.

Das vorher erwähnte Verfahren Kusels, das, wie gesagt, als
gemmage à mort mit kleinen Grandeln zu betrachten ist, lieferte
vom 1. August bis 15. November von 30000 mit je 6 bis 10 Lachen
geharzten Stämmen 10000 kg Rohbalsam, also pro Stamm nur 0,33 kg
innerhalb 3½ Monaten.

Diese zwei Verfahren erwiesen sich also in bezug auf den Ertrag
als ungünstig, dazu kommt bei dem letzteren noch die außerordentliche Schonungslosigkeit, da dasselbe ein auf den ganzen Bestand
ausgedehntes Totharzen ist, noch dazu mit allen Nachteilen der

Grandelharzung. Es war übrigens auch die Ausführung sehr mangelhaft.

Von den oben beschriebenen viererlei amerikanischen Reißverfahren erprobten wir das erste und zweite (Becher und Rinnen, Becher und Schürze), die beiden anderen ließen wir vorläufig fallen, da die Herstellung der dazu nötigen Blechbehälter und genieteten Rinnen zu umständlich erschien.

Für das einfachste und praktischste zeigte sich das Verfahren mit Becher und Schürze (s. Abb. 23 u. 38), wobei wir Becher mit ungefähr ¾ l Inhalt und Schürzen von 8 bis 15 cm Breite, die längere Kante 20 bis 40 cm, die kürzere 10 bis 12 cm lang, verwendeten. Dickere Stämme erfordern größere Schürzen.

Zum Einsetzen der Schürze bzw. der Rinnen verwendeten wir anstatt der in Amerika üblichen Äxte gewölbte Vorschlageisen und Handsägen mit entsprechend dimensionierten Platten, die sich tadellos bewährten, da vermittelst derselben das Ansetzen — trotzdem nur ungeschultes Arbeitermaterial, russische Kriegsgefangene, die noch nie ähnliche Arbeit geleistet hatten und mit welchen wir uns sprachlich nur schwer verständigen konnten, zur Verfügung standen — ohne Schwierigkeiten von statten

Abb. 38. Kiefernharzung. Rillverfahren mit Schürze und Becher.

ging. Die mit Vorschlageisen oder Sägen eingesetzten Schürzen, Rinnen und Blechstreifen saßen besser wie die mit Äxten angebrachten.

Als Vorteil der »Schürze« fanden wir, daß nur ein einziger, wagerechter Schnitt — mit schräg nach oben gerichteter Schneide — notwendig ist. Bei entsprechendem kreisförmigen Ausschnitt der Schürzen — der je nach Dicke des Stammes wechseln soll — genügt ein nur ganz wenig in das Holz eindringender Schnitt, der dem Stammumfang entsprechend verläuft. Die Wunde bleibt also klein, und dennoch sitzt die Schürze tadellos und läßt kein Harz nebenvorbeifließen.

Wie obenstehende Abb. 38 zeigt, verlangt die Schürze nicht unbedingt jene breiten Tröge zum Auffangen des Harzes, welche in

Amerika dazu verwendet werden. Diese Tröge sind wegen der großen Verdunstungsfläche nachteiliger wie die schmäleren Becher. Aus demselben Grunde ziehen wir zylinderförmige Becher vor, deren Ausleeren bzw. Ausputzen ebenso leicht von statten geht, wie bei den sich nach unten verjüngenden Geschirren.

Bei den Rinnen braucht man zwei Einschnitte, die sich nicht der Kreisform anschmiegen, sondern der Sehne nach verlaufen, also tiefer in das Holz eindringen. Auch verlangt das Einsetzen mehr Vorsicht, da die Lage der beiden Rinnen zueinander nicht gleichgültig ist.

Das dritte und vierte Verfahren — Becher ohne Rinnen und ohne Schürze, verstellbare Rinnen — halten wir für weniger praktisch.

Ersteres verlangt wohl keine gesonderten Rinnen oder Schürzen, dafür aber ein sehr großes Stück Blech und eine große Wunde, auch dürfte das Anmontieren umständlicher sein.

Bei letzterem ist ebenfalls eine tiefe Wunde erforderlich, da ja eine ganz gerade Rille gerissen werden muß; außerdem dürfte auch hier das Anmontieren besondere Arbeit machen, auch wird der Transport der aneinander genieteten Rinnen Schwierigkeiten verursachen.

Beide Verfahren erfordern unbedingt das Fertigstellen der Gefäße bzw. Rinnen noch zu Hause bzw. in dazu eingerichteten Werkstätten, während die früher behandelten Verfahren den großen Vorteil haben, daß die dazu notwendigen Behelfe, Rinnen und Schürzen, an Ort und Stelle

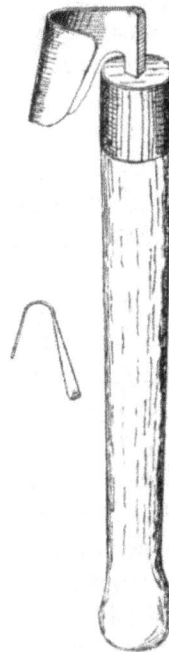

Abb. 30.
Verbesserter
Reißer.

hergestellt bzw. entsprechend adjustiert werden können. (In Serbien verwendeten wir alte Konservenbüchsen.)

Zum Anreißen gebrauchten wir nur die kurzen Reißhacken (hack), der lange (puller) konnte noch nicht zur Anwendung kommen.

Das Gewicht am Ende des Stieles fanden wir für überflüssig. Weder wir selbst, noch unsere Arbeiter konnten einen Vorteil desselben herausfinden, zum mindesten keinen solchen, der den Nachteil aufgewogen hätte, den das Herumschleppen des beträchtlichen Gewichtes bedeutet.

Dagegen erwies sich ein Verlängern des im Original mit 18 inch = 45 cm angegebenen Stieles auf etwa 60 bis 70 cm als vorteilhaft.

5*

Von großer Bedeutung aber ist die Stellung der Klinge zum Stiele. In Schorgers und Betts' Zeichnung (s. Abb. 19), auch bei Andés und Tschirch, ist diese genau parallel. Mit dem dieser Zeichnung genau nachgebildeten Reißhacken erwies sich die Arbeit als ganz unmöglich, der Reißer glitt stets ab. Die Klinge muß unbedingt schräg abstehen vom Stiele (s. Abb. 39), so daß die Schneide um ca. 1 bis 2 cm weiter entfernt vom Stiele ist wie der Rücken. Auch darf der äußere Rand der Klinge — von der Seite aus angesehen — keine nasenförmige Krümmung aufweisen (wie dies bei Andés (S. 34) und Tschirch (S. 563) gezeichnet ist), sondern muß gerade sein, denn eine solche Krümmung verhindert ebenfalls das Eingreifen der Schneide und verursacht das Abgleiten vom Holze. Die Schärfung muß deshalb von der inneren Seite aus erfolgen, die äußere muß gerade bleiben.

Schließlich darf — im Gegensatze zu Schorgers und Betts' Angaben — die Klinge keine U-Form zeigen, sondern sich dem V nähern. Die Schneide soll wohl bogenförmig sein, die beiden Schenkel dürfen aber nicht parallel verlaufen, sondern etwas abstehend voneinander. Bei parallelem Verlaufe klemmen sich die abgetrennten Rindenstücke und Holzspäne in die Klinge ein, was dem Fortschreiten der Arbeit hinderlich ist. Die Rundung der Klinge soll ungefähr 1,5 bis 2,5 cm Durchmesser haben.

Anfangs — wenn die Rillen nahe zur Erde sind — ist es besser, dieselben von unten nach oben zu anzureißen, erst in ungefähr 1 m Höhe arbeitet es sich leichter von oben gegen unten zu.

Die Rillen sollen stets möglichst steil stehen. Je steiler, um so mehr gelangt der Vorteil zur Geltung, daß bei gleich breiter Lache, also bei gleich großer Wundstelle, die Wundränder — die stets erneuerten Quellen des Harzflusses — größer sind als bei anderen Verfahren.

Die Klinge des Reißers muß aus gutem Stahle gemacht sein und stets gut scharf erhalten bleiben.

Mit dem Reißhacken harzten wir Weiß- und Schwarzkiefern. Wir erhielten bei den Versuchen in Selmeczbánya von Weißkiefern ca. 0,5 kg pro Stamm (80jährig), doch war (krankheitshalber) die Arbeit wiederholt auf längere Zeit unterbrochen. Neuere, im August 1916 begonnene Versuche an jüngeren, 40- bis 50jährigen Stämmen ergaben von Anfang August bis Ende Oktober ca. 200 bis 300 g, wobei aber zu bemerken ist, daß unter dem dortigen Gebirgsklima (ca. 600 m Seehöhe) eine so späte Anlachung den Erfolg sehr ungünstig beeinflussen muß. Es dürften für dieses Klima nur die vier Monate Mai bis August als zur Harzung geeignet angesehen werden.

Bei Schwarzkiefern in Serbien (räumige Altbestände von 200 bis 300 Jahren) ergaben 54 Stämme vom 26./28. August bis 2. November, in einem Zeitraume von etwas über 2 Monaten, 80 kg Rohbalsam, pro Stamm also rund 1,5 kg. Die Lachen wurden wöchentlich erneuert, im ganzen also 8 Paar Rillen gerissen von je ungefähr 15 cm Länge und 1 bis 3 cm Tiefe. Die beobachtete Maximalmenge war 2,1 kg. Der Vergleich dieser Höchstzahl mit dem Durchschnitt zeigt, daß die Ergiebigkeit der Bäume ziemlich gleich war. Von dem erwähnten Zeitraume von 66 bis 68 Tagen waren 17 Tage kaltes, regnerisches Wetter, also $1/4$ des' ganzen Zeitraumes war ungünstig. Ein zweiter Versuch vom 25. September bis 31. Oktober — also in sehr vorgerückter Zeit — ergab in 5 Wochen: 50 Stämme am Nordhang 11 kg, pro Stamm 0,22 kg, 266 Stämme am Südhang 76 kg, pro Stamm 0,29 kg.

Die Stämme waren wöchentlich einmal, im ganzen viermal gerillt. Sie ergaben nach Vágis Beobachtungen auch Mitte November noch etwas Harzfluß. Diesen Zeitpunkt hält Vági für die äußerste Grenze der Harzungssaison in Serbien. Der Südhang gab mehr Harz, der Unterschied erreicht ca. 25%; im Sommer aber, wenn die Luft überall warm ist, durfte der Unterschied weniger auffallend sein. Ich beobachtete selbst, daß das Harz über Nacht, besonders in den kühlen Herbstnächten, die eine Eigenheit des Gebirgsklimas sind, ganz erstarrte und über Tags nur um die Mittagstunde herum wieder flüssig wurde; wo es die Sonne aber direkt bestrahlte, floß es schon in der Frühe wieder ab.

Bei der erstmaligen Herstellung der Lachen nach diesem Verfahren konnte ein Arbeiter in einem Tage 40 bis 50 Stämme anrillen und die Schürzen einsetzen. Die Arbeit erfolgte in Partien von je zwei Mann.[1]

Bei dem Gilmerschen Verfahren waren größere Änderungen notwendig, um dasselbe für unsere Verhältnisse geeignet zu machen.

Für unpraktisch fanden wir Gilmers Blechköpfe seiner Harzsammler. Erstens waren sie zu schwach. Allerdings erfuhren wir von Petraschek, daß die Originalapparate Gilmers bedeutend stärker seien.

Diejenigen Gilmer-Gefäße aber, die die Firma K. Allina in Wiener-Neustadt uns freundlichst zur Verfügung stellte, und die vom

---

[1] Das sehr ungünstige Gelände erschwert die Arbeit ungemein.

Inspektor der technischen Artillerie mehreren ungarischen Forstwirten zugesendet wurden, sind entschieden zu schwach und werden in den Händen der Waldarbeiter nur zu schnell deformiert. Auch bemängeln wir das dünne Ausflußloch des Verbindungsstückes und die Form desselben, die ein Ausputzen unmöglich macht; am meisten aber das flache Schraubengewinde, vermittelst welchem das Glasgefäß und der Kopf verbunden werden. Der Balsam wird aus den Gläsern durch Umneigen herausgeschüttet. Es ist bei größter Vorsicht nicht zu vermeiden, daß hierbei einige Tropfen am Rande hängen bleiben und in das Gewinde kommen. Diese verkleben die ineinander geschraubten Teile so fest, daß das Loslösen ganz unmöglich wird. In Malaczka z. B. trat dies nach den ersten Tagen schon ein. Der dortige Förster half sich so, daß er die Gefäße in heißes Wasser tauchte, ein Notbehelf, dem sehr viele Nachteile anhangen. Bei dem gewaltsamen Lösen wird natürlich der Kopf ganz verbogen.

Wir versuchten deshalb eine andere Form, die den von uns für nötig erachteten Anforderungen entspricht.

Wir gingen dabei von folgenden Erwägungen aus:

1. Der Harzsammler muß stark genug gebaut sein, um der sicherlich nicht allzu glimpflichen Behandlung des Waldarbeiters gewachsen zu sein.

2. Er muß einfache Konstruktion haben, denn die Handhabung komplizierter Apparate kann man von dem Waldarbeiter nicht verlangen.

3. Das Anmontieren und Abnehmen muß leicht zu bewerkstelligen sein.

4. Das Ansetzen muß derart erfolgen, daß die äußersten Holzschichten nicht durch den Apparat verschlossen werden.

5. Die Zweiteilung des Apparates scheint uns empfehlenswert, weil die Herausnahme auch dickflüssigen oder erstarrten Harzes keine Schwierigkeiten hat, bei reichlichem Ausfluß der Austausch der Becher ohne Abnahme der Apparate möglich ist.

6. Das Abflußrohr muß gerade sein und entsprechend großen Durchmesser besitzen, um dasselbe leicht reinigen bzw. das angeklebte Harz herauskratzen zu können. Die Ansatzscheibe muß groß genug sein, um die nachgebohrten, großen Löcher ganz zu bedecken.

7. Der Verschluß soll — wenn auch hermetischer Abschluß technischer Schwierigkeiten wegen im Großbetriebe nicht angestrebt werden kann — möglichst dicht und genau sein.

8. Das Material der Apparate muß auch in Kriegszeiten leicht und billig zu beschaffen sein, die Herstellung darf keine großen Kosten verursachen.

9. Die Stetigkeit des Harzflusses muß für eine geraume Zeit durch künstliche Maßregeln gesichert werden.

Ein möglichst genaues Abschließen soll unbedingt angestrebt werden, reichlicher Luftzutritt verzögernd auf den Harzfluß zu wirken scheint. Wir nahmen deshalb Bedacht darauf, unseren Apparat so einzurichten, daß er so gut abzudichten sei, als es die Verhältnisse beim Großbetrieb überhaupt zulassen.

Wir müssen hier noch kurz bemerken, daß wir die automatische Saugwirkung, die Kubelka seinem Apparate zuschreibt, nicht als bestehend annehmen können. Es würde zu weit führen, diese Behauptung eingehender begründen zu wollen, ebenso wollen wir auf die Frage der Berührung mit der Atmosphäre hier nicht näher eingehen, es genüge die Andeutung, daß eine Austreibung der Luft durch die Terpentindämpfe nur in sehr geringem Maße stattfinden kann, es entsteht vielmehr ein Gemisch von Luft und Terpentindampf; durch das Luftloch entweichen bei Überdruck beide, so lange der Überdruck vorhanden ist, bei Abkühlung tritt wieder frische Luft ein.

Bei ruhender Luft im Inneren des Gefäßes bleibt die Verdampfung minimal, es genügt deshalb ein entsprechend guter — wenn auch nicht unbedingt luftdichter — Abschluß vollkommen. Vermeiden läßt sich eine gewisse Verdampfung auch bei luftdichtem Abschluß nicht, so lange eine Erwärmung des Gefäßes nicht auszuschließen ist. Kubelka selbst erwähnt, daß infolge der Besonnung eine außerordentlich große Gasspannung eintritt, die seinen Angaben nach zum Zersprengen des Gefäßes führen kann.

Wir ziehen eben wegen der Erwärmung unserenteils die dickwandigeren Tongefäße vor, am nachteiligsten sind in dieser Beziehung die Glasbirnen, die bekanntlich eine außerordentlich große Erhitzung der dahinter liegenden Teile bei Sonnenbestrahlung verursachen, Blechgefäße dürften ungefähr die Mitte zwischen beiden halten.

Aus den geschilderten Erwägungen ging der in der Abb. 40 bzw. 41 gezeigte Harzsammler hervor, dessen oberer Teil aus Gußeisen ist und ca. ¾ kg wiegt, der untere dagegen aus Ton mit etwa ¾ l Inhalt. Dieser Tonbecher ist oben mit drei Nuten versehen, vermittelst welchen er an drei Nasen des Flansches aufgehängt und — da die Nuten etwas schräg verlaufen — fest an die Scheibe angepreßt werden kann. Die Behälter sind so geformt, daß sie stehen können, denn es ist sehr lästig, wenn bei vorkommenden Arbeiten der schon etwas Balsam enthaltende Becher stets in der Hand gehalten werden muß, da er des runden Bodens wegen nicht niedergestellt werden kann.

Wir ließen auch Glasbirnen anfertigen, die besonders zur Beobachtung des Harzflusses und zu Versuchszwecken geeignet sind, sonst aber keine Vorteile gegenüber den Tongeschirren, im Gegen-

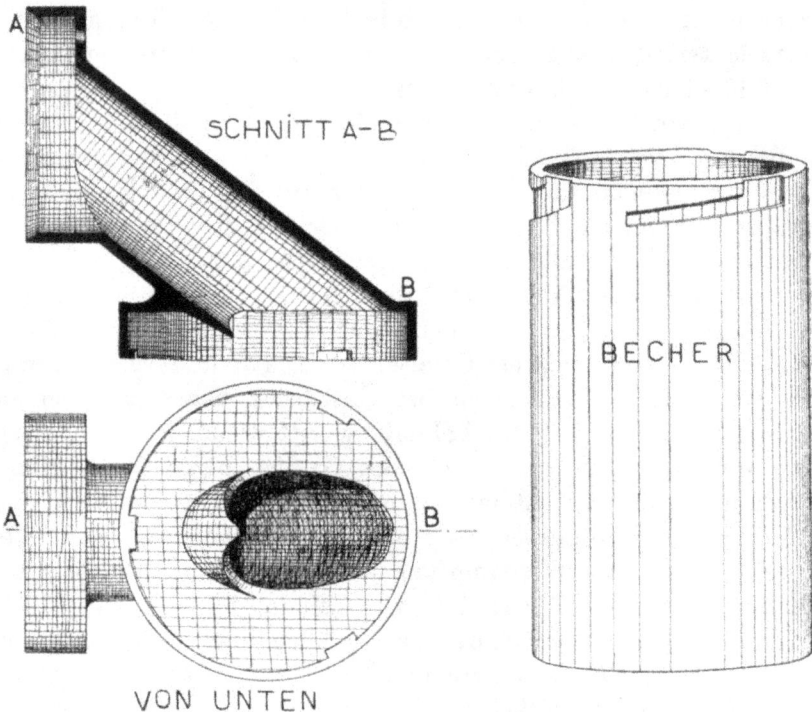

Abb. 40. Harzungsapparat zum ungarischen Bohrverfahren.

teil gewisse Nachteile zeigen. Die Erwärmung ist, wie oben erwähnt, bedeutend größer und der Preis der Gläser ist höher.

Ganz ähnliche Harzsammler ließ der Inspektor der k. u. k. technischen Artillerie für die Harznutzung in Serbien anfertigen und zwar aus Blech gestanzt (s. Abb. 42). Es wurde hier eine praktische Änderung angebracht, ein Bajonettverschluß von außen. Leider läßt sich dieser sehr zweckmäßige Verschluß nur bei Blechgeschirren anbringen, da er bei Ton oder Glas technischen Schwierigkeiten begegnet.

Die Beurteilung der Frage, welches Material für die Harzsammler das geeignetste ist, ist nicht leicht. Natürlich sind bei den heutigen

Verhältnissen gewisse Materiale, z. B. Zinn, Zink, von vorneherein ganz ausgeschlossen.

Blech, Gußeisen, Ton und Glas sind aber auch heute in genügenden Mengen zu erhalten, doch müssen wir auch hier von verzinntem oder verzinktem Material absehen.

Das Blech hat den großen Vorteil, daß es leicht ist, leicht geformt (gestanzt) werden kann, nicht bricht und bei genügender Stärke

Abb. 41.   Abb. 42.
Ungarischer Harzungsapparat am Baume angeschlagen.

auch nicht leicht deformiert wird, also sowohl den Transport, wie auch unglimpfliche Behandlung verträgt. Es ist für beide Teile des Apparates geeignet. Nachteilig aber ist das Rosten und die dadurch verursachte Verunreinigung des Harzes, dem aber durch Überziehen mit einem harzfesten Lack[1]) mit ziemlich gutem Erfolg abgeholfen werden kann; hierzu sollte aber lichter Lack verwendet werden, um der Erhitzung möglichst Einhalt zu tun. Blech erwärmt sich wohl leicht, läßt aber die Sonnenstrahlen nicht hindurch.

Gußeisen halten wir der großen Festigkeit wegen für den Kopf des Apparates für empfehlenswert, die unbedingte Widerstandsfähig-

---

[1]) Ein Phenolformaldehydkondensationsprodukt.

keit gegen Transport und Behandlung wiegt den Nachteil des etwas erhöhten Gewichtes auf.

Ton und Glas können bei geteilten Apparaten nur für den unteren Teil desselben in Frage kommen, wobei wir Ton für unbedingt vorteilhafter erachten und auch — da ja auf die Erhaltung möglichst hohen Terpentingehaltes das größte Gewicht gelegt werden muß — ihm den Vorrang vor dem Blech einräumen.

Ton erwärmt sich nur schwer und leitet die Hitze schlecht, läßt keine Strahlen hindurch und verunreinigt den Balsam nicht.

Glas hingegen erhitzt sich schnell und stark, es läßt die Sonnenstrahlen hindurch — ja, bei gewölbter Fläche sammelt es dieselben sogar —, weshalb unter dem Glase bzw. in der Birne eine außerordentlich große Erhitzung stattfindet[1]), die Verdampfung der Terpentindämpfe wird dadurch künstlich in größtem Maße gesteigert[2]).

Dem Ton und dem Glas hängt der Nachteil der Gebrechlichkeit an. Blechapparate, dann Tonbecher mit Gußeisenköpfen stellten sich in bezug auf die Herstellungskosten ziemlich gleich. Glas kommt etwas teurer[3]).

Eisen und Blech müssen mit einem harz- bzw. terpentinfesten Schutzanstrich gegen Rost versehen sein, Ton verlangt innen eine Glasur.

Zur Befestigung des ganzen Apparates am Baume dient am besten eine Vier- oder Sechskantschraube, die mit einem kleinen Schlüssel eingeschraubt wird, doch entsprechen auch gewöhnliche Schrauben, im Notfalle Nägel.

Zum Ansetzen der Harzsammler erwies sich ein Lochschläger aus Stahl (s. Abb. 43) als sehr vorteilhaft. Die Anwendung desselben wurde zum ersten Male von Oberförster Jenikovszky in den Ma-

---

[1]) Die allbekannten Wachsschmelzen der Imker, bei welchen die Sonnenstrahlen durch einfaches Fensterglas hindurch genügende Hitze zum Wachsschmelzen liefern, zeigen dies.

[2]) Dies ist auch einer der Hauptgründe, warum wir uns für die sonst sehr einfach und praktisch konstruierte Glasbirne Kubelkas, wie auch für die Verwendung von Glasflaschen nicht begeistern können; in Ton ausgeführt, wie wir solche Birnen bei Herrn Forstdirektor Károlyi in Teslic (Bosnien) sahen, halten wir sie für besser, doch zeigten sich dort andere Schwierigkeiten in der Bohrung, Befestigung und im Verschluß.

[3]) Der Blechapparat kam auf 1 K, der Gußeisenkopf auf 80 h, Tonbecher 30 h, Glasbecher 55 h. Kriegspreise! Erstere wurden bei Christoph Cloeter (Wien) hergestellt, die Gußeisenköpfe von Hirsch & Frank (Budapest-Salgótarján) gegossen, Glasbecher lieferte die Glasfabrik in Rudnó (Kom. Bars, Ungarn) und Tonbecher die Tonwarenfabrik J. Platzer (Besztercebánya, Ungarn).

laczkaer Beständen versucht. Vermittelst dieses Lochschlägers wird
ein kreisrundes Stück Rinde abgetrennt und herausgehoben. Bei
Benützung desselben kann das Anbohren mit dem großen (80 mm)
Bohrer ganz unterbleiben, höchstens ungünstig geformte Stämme ver-
langen eine Abglättung.

Bei der Bohrung der Sammelkanäle wichen wir auf Grund mehr-
facher Proben von dem Gilmerschen Verfahren — das Kubelka
und Schmoll unverändert übernommen haben — ab, indem wir
drei Kanäle bohrten, jeden bis ca. 15 cm lang, einen senkrecht nach
oben, aber schräg gegen das Innere des Baumes
geneigt, die anderen beiden rechts und links davon
— von der selben Ansatzstelle ausgehend — aber
nicht mäßig geneigt, sondern möglichst steil nach
aufwärts gerichtet.

Es wird wohl auf diese Weise ein schmälerer
Teil des Baumes mit den Kanälen durchschnitten,
aber der Ausfluß wird wesentlich gefördert. Auch
bleiben die beiden Seitenkanäle besser im Splint,
was in jeder Hinsicht vorteilhaft ist. Bis an den
Rand des Kernes kann der Kanal dringen, aber
den Kern selbst zu durchschneiden, bringt keinen
Vorteil. Die Quelle des Harzflusses ist unbedingt
der Splint. Bei schwacher Neigung der Kanäle fließt
der Balsam weniger gut ab und das Holzgewebe
verkient schneller, besonders bei ungünstiger Witterung.

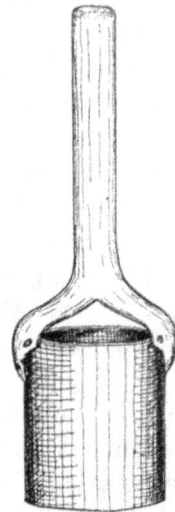

Abb. 43.

Die Art und Weise der Bohrung ist von großer Wirkung auf den
Erfolg, wir sahen wiederholt Fälle, in denen wegen fehlerhafter Bohrung die Anzapfung auch an der Schwarzkiefer versagte, die im übrigen
sich viel leichter anzapfen läßt, wie die Weißkiefer.

Es kommen aber auch bei tadelloser Bohrung Versager vor, besonders bei der Weißkiefer ziemlich häufig. Über die Ursache der
verschiedenen Ergiebigkeit einzelner Bäume derselben Holzart wurde
schon wiederholt geschrieben; vor kurzer Zeit veröffentlichte Jedlinski sehr beachtenswerte Erfahrungen aus dem ö.-u. Okkupations-
gebiet in Russ.-Polen.

Schon ältere Erfahrungen lehren, daß ein möglichst freier Stand
und eine reichentwickelte Krone reicheren Harzfluß sichern. In
Frankreich wird ja direkt hierauf hingearbeitet. Eine ebenso alte
Erfahrung ist, daß zehrende Winde und trockenes Wetter den Harz-

fluß bald versiegen lassen und daß schwüle, feuchte Witterung denselben begünstigt.

Doch fanden wir beim Anbohren — besonders bei der Weißkiefer — Fälle, bei denen jede Erklärung versagte und nur die Annahme individueller Unterschiede den Schlüssel geben kann. Bäume von gleichem Alter — ungefähr 80 Jahre —, auf gleichem Boden — lockerer Sand — stockend, wo auch die Bodenflora keine Abweichungen aufweist, einer kaum ein paar Schritte vom anderen entfernt, mit annähernd gleichen Kronen und gleichem Durchmesser, mit denselben Werkzeugen und demselben Verfahren angezapft, ergaben Harzmengen im Verhältnisse bis zu 1 : 10.

Von 20 auf ganz gleiche Weise angezapften 80jährigen Weißkiefern ergab die Hälfte einen befriedigenden Ausfluß, die andere Hälfte aber nur sehr wenig Balsam. Die Bäume waren alle annähernd gleich entwickelt.

Vom praktischen Standpunkte aus leiten wir aus unseren Erfahrungen diesbezüglich den Vorschlag ab, Stämme, welche auf ein- bis zweimaliges Anlachen wenig oder gar kein Harz geben, überhaupt auszulassen. Allenfalls könnte im folgenden Jahre der Versuch wiederholt werden, wenn sich genügend Wundgewebe entwickelt hat.

Bezüglich des Harzflusses gelangten wir im allgemeinen zu ähnlichen Resultaten wie Kubelka und Cieslar. Nach dem erstmaligen Anbohren tritt alsbald Harzfluß ein, der ungefähr innerhalb 24 Stunden seinen Höhepunkt erreicht und nach weiteren 2 bis 3 Tagen so ziemlich beendet ist.

Doch fand Förster Bilek in Malaczka auch, daß der Ausfluß erst nach 24 Stunden begann und 6 bis 8 Tage hindurch anhielt. Unserer Ansicht nach dürfte eine solche Verzögerung des Beginnes — bei günstigem Wetter — auf fehlerhafte Bohrung zurückzuführen sein. Sehr faserige, rissige Bohrlöcher halten den Balsam zurück, weshalb derselbe erst nach geraumer Zeit sichtbar wird. Bei glatten Bohrlöchern und offenen Wunden fanden wir — bei günstiger Witterung — stets sofortigen Beginn des Abfließens.

Wir erhielten von Weißkiefern in Selmeczbánya vom 28. Juli bis 23. August, also in einem Zeitraume von nicht ganz 4 Wochen, durchschnittlich 90 g Rohbalsam. Die Versuche mußten unterbrochen werden.

In Malaczka erhielten wir folgende Ergebnisse: Vom 10. bis 25. August ergaben von 20 angebohrten Weißkiefern (Standort: Sand, Alter: 80 Jahre) 8 Stück je rd. 0,1 l, 6 Stück rd. 0,05 l, 6 versagten ganz.

Von dem weiteren Verlaufe dieser Versuche konnten wir bislang keine sicheren Angaben erhalten. Bei einem Waldgang am 11. August sahen wir dort von den Gilmerschen Harzsammlern, die anfangs Juli angesetzt waren, sehr viele Gefäße bis über die Hälfte mit Rohbalsam gefüllt.

Die Schwarzkiefer ergab bei Selmeczbánya vom 1. August bis zum 13. September 224 g Rohbalsam. Es konnte nur ein Stamm eingebohrt werden, dem zwei Sammler angesetzt wurden. Das erste Anbohren erfolgte anfangs Juni, dann aber mußte das Bohren bis Ende Juli unterlassen werden.

In Serbien (Mokragora) erhielt Vági von 200 angebohrten Schwarzkiefern innerhalb 48 Stunden 19 kg Balsam, pro Stamm also rd. 0,1 kg, das Nachbohren mit um je 2 mm stärkeren Bohrern ergab in 3 Wochen nur 8 kg.

Es traten in diesem Falle auch bei der Schwarzkiefer außerordentlich große Unterschiede in der Ergiebigkeit zutage, 3 Stämme ergaben innerhalb 48 Stunden je 3 kg Rohbalsam.

Bei den am selben Orte vorgenommenen Versuchen mit dem Anrillen vermittelst des Reißhackens zeigten die Schwarzkiefern große Gleichmäßigkeit im Harzflusse. Wenn wir diese beiden Tatsachen einander gegenüberstellen, drängt sich auch hier der Gedanke auf, daß die Ursache der erheblichen Differenzen in erster Reihe wohl im fehlerhaften Anbohren zu suchen seien, um so mehr, als das Arbeitermaterial — russische Kriegsgefangene — ganz ungeübt in diesen Arbeiten war, auch das zur Verfügung stehende Werkzeug zu wünschen übrig ließ.

Wir versuchten das Anbohren auch bei der Strobe (nur ein Stamm) mit zwei Sammlern, erhielten aber nur wenig Balsam, nicht ganz 0,2 kg von Ende Juni bis Anfang Oktober.

Die Fichte ergab gar nichts.

Laut Mitteilung Forstinspektor Wochers wurde bei Lakompak (fürstlich Eszterházysches Fideikommiß, Kom. Sopron) Fichte, Weißkiefer und Lärche angebohrt. Die Fichte ergab auch hier kein Harz, Kiefer wenig, Lärche gab 0,1 bis 0,2 l, in einem Falle beinahe einen ganzen Liter Balsam.

Das wiederholte Anbohren erneuerte den Ausfluß des Harzes meist nur in geringem Maße.

Diese Frage scheint uns bislang noch nicht genügend geklärt, und war es uns leider noch nicht möglich, die hierzu notwendigen Versuche und Beobachtungen durchführen zu können.

Es ist noch unentschieden, welche Bohrertype die günstigsten Resultate gibt. Das Bohrloch muß glatt sein, nicht zerrissen und faserig, der Schnitt des Bohrers muß scharf sein und die Holzfasern glatt durchschneiden, nicht quetschen und nicht reißen.

Vorläufig halten wir es für das beste, das erste Loch mit einem etwa 10 bis 12 mm dicken, scharfen Spiralbohrer zu bohren, zum Nachbohren aber gute, scharfe Schneckenbohrer zu nehmen, die ein mindestens um je 5 mm größeres Loch ergeben. Wir hoffen, mit neueren Bohrertypen bessere Erfolge zu erreichen.

Das von Gilmer empfohlene Nachbohren mit einem um 2 mm größeren Bohrer genügt nicht, ja es ist noch fraglich, ob sich nicht auch 5 mm als ungenügend erweisen werden.

Bekanntlich wird mit dem Plätzen, der wiederholten Verwundung des Lachenrandes, ein ständiges Erneuern des Harzflusses erzielt. Dasselbe Resultat müßte sich auch durch das erneuerte Anbohren erreichen lassen, wenn auch nicht zu verkennen ist, daß die Bohrkanäle in bezug auf die Erneuerung ungünstiger stehen wie die offenen Lachen. Die äußersten Jahresringe geben den reichsten und flüssigsten Balsam und liefern beim Plätzen die ersten Tropfen. Bei den offenen Lachen fällt die ganze Wunde in diese äußersten Jahresringe, bei den Bohrkanälen aber nur ein Teil, da man leider technischer Schwierigkeiten wegen keine bogenförmigen Kanäle bohren kann, sondern geradeaus in den Stamm hineinarbeiten muß.

Weiters entwickeln sich infolge des Wundreizes eben in den allerjüngsten Schichten des Holzgewebes die abnormalen Harzkanäle, die also bei dem wiederholten Bohren auch nur zum Teil verwundet werden. Der Wundreiz wirkt gegen oben hin stärker, was bei den Lachen besser ausgenützt wird wie bei den Bohrkanälen. Aus eben diesen Gründen erachten wir das von uns angewendete dritte, senkrecht gegen oben gerichtete Bohrloch für vorteilhaft, weil es zum größten Teile in den äußersten Schichten verläuft und die Holzfasern bzw. die Harzkanäle des Holzes unter sehr spitzem Winkel durchschneidet. Dieselben Vorteile kommen den seitlichen Bohrlöchern bei der ebenfalls von uns verlangten steilen Stellung in viel größerem Maße zugute wie bei schwacher Schrägstellung.

Im Interesse der möglichst steilen Bohrung mußten wir den gewöhnlichen Windbohrer verwerfen, weil der große Bogen desselben — besonders bei den gebräuchlichen, etwa 10 bis 12 cm langen Bohrköpfen — eine entsprechende Schrägstellung nicht zuläßt. Es können nur die mit Übersetzung arbeitenden sog. Brustleiern oder langstielige

Bohrer verwendet werden[1].) Wir benützten Schneckenbohrer mit bis 80 bis 90 cm langen Stielen und kurzen, herausziehbaren Griffen und Spiralbohrer mit den erwähnten Brustleiern, die aber sehr stark sein müssen. Wir ließen die stärkste, die wir erhalten konnten, noch mit einer entsprechenden Schutzvorrichtung versehen gegen das Überspringen der Zahnräder.

Von großem Belang ist bei dem Erneuern der Wunden die Dicke der abgenommenen Holzschicht.

Beim Plätzen mit dem Dechsel wird bekanntlich eine Schicht von 1 bis 2 cm entfernt, was übrigens zu viel ist, es genügt auch eine dünnere Schicht.

Beim Bohren wird nach Gilmer nur eine Schicht von 1 mm — bei Steigerung der Bohrerstärke mit je 2 mm — abgenommen, was hinwieder zu wenig ist.

Wir ließen mehrere solcher Harzsammelkanäle bei der Weißkiefer öffnen und fanden, daß schon in sehr kurzer Zeit das Holzgewebe rings um den Kanal herum speckig, verkient ist. Diese Kienschicht verhindert das weitere Austreten des Harzes. Bei den bisherigen Untersuchungen fanden wir die Schicht 2 bis 3 mm dick, selbe ist übrigens etwas ungleich, von wechselnder Tiefe. Die Zunahme der Schicht schreitet sehr langsam weiter, denn nach mehreren Monaten war die Schicht ungefähr dieselbe. Bei dem Weiterbohren muß diese Schicht ganz entfernt werden, nur dann kann man auf erneuerten Ausfluß rechnen. Es muß also das erneuerte Bohren ein mindestens um 5 mm größeres Loch ergeben.

Bezüglich der Motorbohrer — die nach Petraschek in Amerika verwendet werden — konnten leider die geplanten Versuche noch nicht durchgeführt werden, doch scheint es kaum zweifelhaft, daß dieselben bei entsprechender Konstruktion die Arbeit wesentlich fördern dürften. Allerdings sind selbe nur in günstigerem Gelände zu verwenden, da bei schwierigeren Verhältnissen der Transport nicht durchführbar ist.

Zum Sammeln des Rohbalsams sind Tragkörbe oder Traggeschirre, wie sie in Gasthäusern zum Tragen von Bier und Weingläsern gebräuchlich sind, sehr praktisch. Es können in einem solchen 10 bis 20 Stück Becher untergebracht werden. Der Arbeiter nimmt leere Becher mit, tauscht sie beim Baume mit den gefüllten aus und bringt diese zu den eingegrabenen Fässern. Die zum Transport von

---

[1]) Vági verwendete in letzter Zeit Windbohrer mit ganz flachem Bogen und sehr langen Bohrköpfen, welche günstige Resultate ergaben.

Rohbalsam bestimmten Fässer dürfen nicht zu groß sein — ca. 60 bis 80 l genügen, da zu schwere Fässer schlecht zu handhaben sind — und müssen überall dicht schließen. Zum Einfüllen müssen sie eine entsprechend große Öffnung haben, die ebenfalls dicht abzuschließen sein muß.

Scharrharz kann auch in Körben gesammelt und in Kisten verpackt werden.

Selbstverständlich gilt das hier über das Sammeln Gesagte nicht nur für das Bohrverfahren, sondern für alle jene Verfahren, die Becher zum Auffangen des Rohbalsams benützen.

Bezüglich des Bohrverfahrens ist — wie aus dem Angeführten zu entnehmen ist — noch kein abschließendes Urteil möglich und sind noch systematische Versuche durchzuführen, um die Ergebnisse desselben sicher beurteilen zu können. Unserer Ansicht nach hat dieses Verfahren nur dann Aussicht auf Erfolg, wenn es gelingt, den Harzfluß der Bohrkanäle durch Nachbohren längere Zeit — mindestens 4 bis 6 Wochen — hindurch zu erhalten. Das oft wiederholte Umsetzen der Apparate verursacht zu hohe Kosten und vermindert die technische Verwendungsfähigkeit des Holzes in allzu großem Maße.

Bei unseren Versuchen brauchten die Arbeiter — je zwei in einer Partie — zum Ansetzen eines Harzsammlers und Herstellung von je drei Bohrlöchern 8 bis 10 Minuten, nur die reine Arbeitszeit an je einem Baume gerechnet.

Der erhaltene Rohbalsam ist vollständig rein und reich an Terpentinöl (bis zu 35%), weshalb unserer Ansicht nach das Anbohrverfahren volle Beachtung verdient.

Nach unseren bisherigen Erfahrungen bleibt aber die Ausbeute — im Verhältnis zu den Kosten der Werbung — hinter dem Anrillen vermittelst des Reißhackens, erwies sich jedoch als günstiger, wie das französische Verfahren bei 12 bis 15 cm Lachenbreite.

Für die Praxis, besonders den Großbetrieb, würden wir in erster Reihe das Anrillen in der oben angegebenen Durchführung empfehlen, da es geringe Kosten erfordert, große Erträge liefert und bei entsprechender Durchführung die Lebensfähigkeit, den Zuwachs des Baumes und die technische Verwendbarkeit des Holzes nur sehr wenig schädigt.

Viertes Kapitel.
Schadet die Harzung den Bäumen und dem Bestand?

Eine der wichtigsten Fragen der Harznutzung ist unstreitig die, ob und wie großen Schaden die Bäume und der Bestand infolge der Harznutzung erleiden. Natürlich bezieht sich dies nur auf die Harzung lebender Bäume, denn bei der Extraktion aus totem Holzmaterial kann naturgemäß diese Frage überhaupt nicht auftauchen.

Die Frage des Schadens müssen wir von zwei verschiedenen Standpunkten aus betrachten, vom physiologischen und vom forstwirtschaftlichen bzw. technologischen. Vom ersteren Standpunkte aus betrachtend, haben wir zu untersuchen, ob der Baum infolge der Harzung in seinem Gedeihen, seinem Wachstum und seiner Gesundheit, also in seiner Lebensfähigkeit und Lebenstätigkeit, beeinträchtigt wird; vom letzteren Standpunkte aus aber, ob die Harzung, wenn sie auch die Gesundheit und das Gedeihen des Baumes nicht gefährden sollte, nicht eine Verminderung der Holzmasse und des jährlichen Zuwachses nach sich zieht oder aber eine Änderung bzw. Verschlechterung der anfallenden Sortimente, die eine wesentliche Verminderung des Geldertrages verursachen kann.

Die Frage: Schadet die Harzung den Bäumen? muß kurzerhand unbedingt mit einem Ja! beantwortet werden. Nicht so einfach aber läßt sich feststellen, wie groß der Schaden ist und — was wohl die Hauptsache ist — inwieweit der verursachte Schaden durch den Ertrag der Harzung wettgemacht oder übertroffen wird. In dieser Beziehung fehlt noch die entsprechende Erfahrung, und die jetzt in Mitteleuropa in großer Zahl eingeleiteten Versuche werden erst nach Jahren einen zuverlässigen Schluß zulassen.

Immerhin aber besitzen wir auch jetzt schon wertvolle Erfahrungen, so daß ein allgemein gehaltenes Urteil auch heute schon möglich ist, wenigstens in bezug darauf, ob überhaupt die Harzung bei pfleglicher und intensiver Wirtschaft in unseren Forsten auch in Friedenszeiten zugelassen werden kann?

Unbedingt sicher ist, daß sich die verschiedenen Holzarten den Harzungseingriffen gegenüber verschieden verhalten, weshalb sie hier auch gesondert behandelt werden sollen.

In erster Reihe in Betracht zu ziehen sind jene Nadelholzarten, welche ausgedehnte Waldungen bilden und zum Harzungsbetrieb im

großen geeignet sind. Dies sind die Schwarz- und die Weißkiefer und
die Fichte.

Die Tanne und die Lärche kommen erst in zweiter Linie in Betracht, da beide wohl ein hochwertiges Harzungsprodukt liefern, aber
zum Großbetriebe wohl kaum herangezogen werden können, die letztere Holzart auch darum nicht, weil ihr Verbreitungsgebiet und ihr
Vorkommen ziemlich beschränkt ist. Dasselbe gilt in erhöhtem Maße
für die Arve und das Krummholz, dann auch für die Seestrand- und
die Aleppokiefer, noch mehr für einige besondere Arten, wie Pinus
leucodermis und Picea Omorika, welch letztere ganz außer acht bleiben
sollen.

Pinus Strobus und auch Pseudotsuga Douglasii, die in stets
wachsender Zahl zur Auspflanzung gelangen, werden voraussichtlich
in der Zukunft eine größere Rolle bei der Harznutzung spielen.

1. Die Schwarzkiefer.

Von den für Mitteleuropa in Frage kommenden Holzarten verträgt die Schwarzkiefer die oft sehr schonungslosen Anlachungen und
Anzapfungen am besten. Was für eine außerordentliche Widerstandskraft die Schwarzkiefer äußerlichen Verletzungen entgegenstellt, läßt
sich in den serbischen Schwarzkiefergebieten im Norden des Zlatibor-
gebietes, um den Sargansattel, den Ortschaften Kremna und Mokragora herum, beurteilen. Dort findet man oft ganz ausgehöhlte, aus-
gebrannte Stämme, die nach Aussage der Bevölkerung schon ungezählte
Jahre hindurch den Hirten als Zufluchtsort bei Ungewitter dienen
und die stets von neuem wieder verletzt, behackt und angebrannt
werden und dennoch ihre mächtige, weit ausgreifende Krone trotzig
zum Himmel erheben.

Für den geregelten Harzungsbetrieb der Schwarzföhre liefert
Niederösterreich ziemlich reiches Beobachtungsmaterial, deshalb führen wir hier das Gutachten der berufensten Stelle, der k. k. forstlichen
Versuchsanstalt zu Mariabrunn (N.-Ö.) — dem wir uns ganz an-
schließen —, in breitem Auszuge an, mit dem Bemerken, daß das
diesem Gutachten zugrunde liegende Verfahren — wie schon im vorigen
Kapitel hervorgehoben war — zu den schonungslosesten gehört, weshalb bei vorsichtigerer Arbeit die Schäden noch vermindert werden
können, keinesfalls aber eine Steigerung erfahren werden.

Die k. k. forstliche Versuchsanstalt zu Mariabrunn sagt:

»1. Die Schwarzföhre (Schwarzkiefer) erleidet durch die Harzung einen Zuwachsverlust, der mit der Dauer der Harznutzung

und der Flächengröße der von der Rinde entblößten »Lachten« (Lachen)
steigt, mit der Bonität des Bestandes und mit zunehmendem Alter
der Bäume sinkt. Bei der Schwarzföhre wurde dieser Zuwachsverlust von dem nachmaligen h. a. Oberforstrate Karl Böhmerle
pro Jahr mit 0,23 bis 1,40%, durchschnittlich mit ca. 1% der Holzmasse des geharzten Baumes am Schlusse der Harzung ermittelt.«

»Diese Ermittelungen wurden in den niederösterreichischen
Schwarzföhrengebieten an 73jährigen bis 211jährigen Stämmen für
4- bis 14jährige Harzungsdauer angestellt und im Zentralblatt für
das gesamte Forstwesen 1885, S. 436 u. ff. veröffentlicht.«

»Bezüglich der Eigenschaft des Schwindens geharzten und
ungeharzten Schwarzföhrenholzes haben die Untersuchungen des
h. a. Forstrates Dr. Gabriel Janka ergeben:

Lineare Schwindung in der Richtung   des Radius   der Sehne
      beim geharzten Schwarzföhrenholze. . .   2,87%   4,82%
      beim ungeharzten Schwarzföhrenholze. .   2,70%   4,83%

Der Unterschied in der Schwindung zwischen geharztem und
ungeharztem Schwarzföhrenholze ist demnach verschwindend klein
und kann praktisch kaum weiter in Betracht kommen.«

»Untersuchungen der technischen Eigenschaften, der Elastizität
und Festigkeit von geharztem und ungeharztem Holze der Schwarzföhre, welche von Nördlinger und Gellner durchgeführt wurden,
konnten einen durchgreifenden Unterschied in diesen Eigenschaften
nicht nachweisen. Da aber nächst den durch das Anlachen der Bäume
hervorgerufenen Wundstellen in der Folge ein abnormer Faserverlauf
des Holzes entsteht, so ist zu schließen, daß die Festigkeitseigenschaften geharzten Holzes lokal doch etwas leiden werden. Diese
Verminderung der Festigkeitseigenschaften und die dadurch bewirkte
Verschlechterung der Holzqualität wird sich nur auf den Splint,
zumal nächst der Lachte, nicht aber auf das Kernholz beziehen.«

»Nach den Untersuchungen Jankas an geharztem und ungeharztem Schwarzföhrenholze betrug:

	für geharztes Holz	für ungeharztes Holz
das spezifische Lufttrockengewicht	0,677	0,551
das spezifische Absoluttrockengewicht . . .	0,632	0,516
die Druckfestigkeit	391 kg/cm²	406 kg/cm²
die Härte (nach der Kugelprobe).	392 kg/cm²	273 kg/cm²

Das Holz scheint also infolge der Harzung (durch vermehrte
Harzeinlagerung — Verkienung) schwerer zu werden. Es ist aber

hierzu zu bemerken, daß ein Teil dieser Erhöhung des spezifischen
Gewichtes geharzten Holzes dem Umstande zugeschrieben werden
muß, daß die geharzten Holzproben vom unteren, die ungeharzten
vom oberen Stammteile entnommen wurden, und das spezifische Holzgewicht der Föhren am unteren Stammende schon von Haus aus
etwas größer ist als an höher gelegenen Stammpartien. Um diesen
Einfluß der Höhenlage im Stamme aus den Resultaten zu eli-
nieren, muß man zur Beurteilung der Holzqualität das gegenseitige
Verhältnis zwischen Druckfestigkeit bzw. Härte und dem spezifischen Gewichte heranziehen.«

»Diese Quotienten sind:

	für geharztes Holz	für ungeharztes Holz
Druckfestigkeit	5,78	7,38
spez. Gew. (100 fach);		
Härte	5,80	4,96
spez. Gew. (100 fach).		

Daraus ergibt sich die Folgerung, daß durch die Harzung
das Schwarzföhrenholz an Härte gewinnt, aber an Druckfestigkeit verliert.«

»Weiters wurde von Stöger und Seyffert nachgewiesen, daß
Zapfen und Samen der geharzten Föhren etwas kleiner sind und
daß die Keimlinge aus Samen geharzter Föhren etwas geringere
Wuchskraft haben als diejenigen der ungeharzten Bäume.«

Aus den mitgeteilten — auf tatsächlichen Aufnahmen und Proben
fußenden — Ausführungen ist zu schließen, daß die Schwarzkiefer
in physiologischer Hinsicht keinen nennenswerten Schaden erleidet,
auch der Gesamtzuwachs bzw. die Holzmasse nur verhältnismäßig
wenig verringert wird.

Leider konnten wir keine Angaben in bezug darauf erhalten, in-
wiefern die Ausformung der Sortimente eine Änderung erleidet und
ob nicht der Anteil des Nutzholzes an der Gesamtmasse eine wesentliche Verminderung erfährt. Dies ließe sich nur durch vergleichende
Versuche nachweisen, denen eine schonende und rationelle Harzung
zugrunde liegen müßte.

Doch werden wir nicht fehlgehen, wenn wir annehmen, daß bei
der Schwarzkiefer der Ertrag der Lebendharzung — rationelles und
schonendes Verfahren vorausgesetzt — die Wertabnahme des Holzes
bzw. der Sortimente stets übertreffen wird, als Endergebnis also
für den Waldbesitzer eine erhebliche Steigerung der Einnahmen zu

gewärtigen ist. Das Holz der Schwarzkiefer steht im allgemeinen nicht
in hohem Preise, da es sich wohl zu gewissen speziellen Verwendungen
— Wasserleitungs- und Brunnenröhren, Erd- und Wasserbauten —
vorzüglich eignet, als Schnitt- und Spaltholz aber weniger gesucht
wird. Der Preis seines vorzüglichen Harzes hingegen steht jetzt sehr
hoch und dürfte voraussichtlich auch in der Zukunft höher bleiben,
wie er vor dem Kriege stand, um so mehr, als die Technik der Aufarbeitung des Rohbalsams eine außerordentliche Verbesserung erfuhr.
Dabei gibt die Schwarzkiefer bei Lebendharzung ziemlich große Mengen
von Rohbalsam.

Das Anzapfen der lebenden Schwarzkiefern durch einen Zeit-
raum von 10 bis 20 Jahren vor dem Abtriebe dürfte deshalb allen
Waldbesitzern aufs wärmste empfohlen sein.

In bezug auf den verursachten physiologischen Schaden dürfte
sich das Anbohren als das günstigste Verfahren erweisen, da dieses
der Lebenstätigkeit des Baumes nur in sehr geringem Maße Abbruch
tut und kleine, gedeckte Wunden verursacht. Ein Zuheilen der Bohrkanäle, wie es nach Petrascheks Mitteilungen in amerikanischen
Kreisen behauptet wird, ist wohl nicht zu erwarten, doch werden
äußerliche, schädigende Einflüsse fast vollständig abgehalten, während
bei offenen Wunden diesen Einflüssen offene Türen geboten werden.
Bei glatten und nicht tief in das Holz eingreifenden Wunden, wie
sie die Rillen und Lachen darstellen, die durch das Verharzen außerdem hinreichend abgeschlossen sind gegen atmosphärische Einwir-
kungen, ist innerhalb der obigen Frist noch kein nennenswerter
Schaden zu befürchten; bedeutend ungünstiger aber stehen in dieser
Beziehung alle jene Verfahren, die Grandel oder ähnliche Vertiefungen
in den Baum hacken, da das sich in diesen ansammelnde Wasser
im Vereine mit den hineingeratenen Abfällen, Schmutz, Erde usw.,
der Fäulnis Vorschub leistet. Je größer die Grandel sind, umso
fühlbarer wird die Schädigung.

Vom technologischen Standpunkte aus betrachtet, wird das Anbohren — wenn jedes Bohrloch längere Zeit hindurch offen gehalten
werden kann, also nur wenige Wunden geschlagen werden, die über-
dies im Splinte bleiben und den Kern nicht berühren — nur geringen Schaden bringen; bei oft wiederholtem Anbohren aber wird
allerdings die technische Verwendungsfähigkeit erheblicher in Mitleidenschaft gezogen werden. In letzterem Falle wird das Anbohren
— je nach der Zahl der Bohrlöcher — größeren Schaden nach sich
ziehen, wie die Rillen und Lachen, die nur seichte Wunden verur-

sachen, also nicht einmal den ganzen Splint durchdringen. Die in Mitleidenschaft gezogenen Splintpartien müssen ja bei der Aufarbeitung ohnedies entfernt werden.

Die Grandelverfahren sind auch in technologischer Hinsicht die ungünstigsten, da sie große, offene und tiefgehende Wunden verursachen und dadurch die Ausformung des Schaftholzes auch bei tief an der Basis angelegten Grandeln wesentlich beeinträchtigen.

2. Die Weißkiefer.

In bezug auf die Weißkiefer erwähnt das Gutachten der Mariabrunner Versuchsanstalt nur, daß dieselbe sich ähnlich verhalten dürfte wie die Schwarzföhre, doch etwas mehr leiden wird, eine Vermutung, der wir ebenfalls beistimmen. Eine so außerordentliche Widerstandskraft wie die Schwarzkiefer zeigt, ist von der Weißkiefer nicht zu erwarten, doch finden wir auch in Kiefernwäldern Stämme mit alten, mehr oder weniger verheilten Wunden, die für ein ziemlich großes Widerstandsvermögen zeugen. Ebenso zeigen die vom Rotwild geschälten Stämme — die besonders in Deutschland sehr häufig zu sehen sind —, daß die Kiefer diese oft sehr schweren Beschädigungen durch Jahrzehnte hindurch ertragen kann, ohne daß die Lebensfähigkeit der Bestände schwinden würde. Allerdings haben wir bei solchen, durch Jahrzehnte hindurch geschädigten Forsten mit einer bedeutenden Abnahme des Nutzholzanfalles zu rechnen.

Einige Angaben über den Einfluß der Harzung auf das Wachstum der Weißkiefer verdanken wir Herrn Forst- und Domänendirektor Pallas aus Drohobycz, der die diesbezüglichen Erfahrungen im M. G. G. Lublin sammelte.

Nach seinen Feststellungen verursacht die Harzung nach österreichischem Verfahren einen Verlust von 3% an Höhenzuwachs, dann Rindenverlust 10 bis 66%, Holzverlust 20 bis 43%. Seinen Berechnungen nach bedeutet dies 10 bis 15 Heller für je 1 kg Rohbalsam.

Den Verlust an jährlichem Durchschnittszuwachs schätzt Pallas auf 2,5 m³ pro Hektar, woraus er für je 1 kg Rohbalsam weitere 8 Heller rechnet, im ganzen würde also die Gewinnung von 1 kg Rohbalsam 18 bis 23 Heller Schaden an der Holzausbeute verursachen.

Bei Anwendung der französischen Methode fand Pallas keinen Verlust im Höhenzuwachs, beim Massenzuwachs aber einen Ausfall von ca. 25%, was er mit 4,5 bis 18 Heller pro Stamm bewertet.

In physiologischer Hinsicht ist auch bei der Weißkiefer das Anbohren als am wenigsten schädlich zu bezeichnen, ja hier dürfte der

Unterschied noch schärfer zutage treten, da eben wegen der etwas geringeren Widerstandskraft die offenen Wunden größere Nachteile bergen.

Vom technologischen Standpunkte aus betrachtet, wird sich die Lebendharzung der Weißkiefer ungünstiger stellen wie bei der Schwarzkiefer.

Die Grandelharzung dürfte sich auch hier als die nachteiligste erweisen, da der unterste Teil des Schaftholzes tief eingehackt wird, ein Teil des dicksten Schaftteiles also in Abfall kommt oder nur schwächer dimensionierte Sortimente geben kann, außerdem aber der Fäulnis Vorschub geleistet wird.

Das amerikanische Anrillen wird in technologischer Hinsicht den geringsten Nachteil bringen, das Anbohren etwas ungünstiger sein wie das Anrillen.

Bei zu langer Dauer der Harzung dürfte der Nutzholzanteil der Gesamtmaße in Weißkiefernbeständen bei jedem Verfahren eine wesentliche Verringerung erleiden, was um so mehr ins Gewicht fällt, da die zu erwartende Menge des Rohbalsams bedeutend weniger ist wie bei der Schwarzkiefer, das Holz aber höher geschätzt wird, da es auf entsprechendem Standorte tadelloses Schnittmaterial ergibt und vielseitige Verwendbarkeit besitzt. Hierzu sei kurz bemerkt, daß das Weißkieferholz in seiner Güte je nach dem Standorte außerordentlich wechselt, der eine Standort gibt erstklassiges Holzmaterial, der andere geringwertiges. Wie sich die Harzausbeute zur Qualität des Holzmateriales verhält, ist noch nicht sicher ermittelt.

Um größere Schäden zu verhindern, soll man die Weißkiefer nur kürzere Zeit hindurch harzen, ungefähr 5, allenfalls bis zu 10 Jahre vor dem Abtriebe. Aus demselben Grunde sind nur hiebreife Stämme zur Anzapfung heranzuziehen, ausgenommen Durchforstungsmaterial, das vor dem Abtriebe auch in jüngerem Alter geharzt werden kann.

Materiell günstig wird sich die Anzapfung der Weißkiefer nur bei guten Harzpreisen stellen. Da in der Zukunft höhere Harzpreise wohl als ständig zu erwarten sind, ist eine entsprechende, rationell betriebene Lebendharzung in Weißkiefernwäldern ernstlich in Erwägung zu ziehen, da selbe bei richtiger Anwendung mit der pfleglichen Forstwirtschaft ganz gut vereinbar ist.

Große Erträge sind wohl nicht zu erwarten, aber in Verbindung mit der Schwarzkieferharzung und der fabriksmäßigen Extraktion gäbe dies eine wichtige Handhabe zur Unabhängigkeit unserer Industrie vom Auslande.

3. Die Fichte.

Die Fichtenharzung wurde — wie oben erwähnt — schon seit alten Zeiten betrieben und ging erst in neuerer Zeit, allerdings schnell und gründlich, zurück. Ob mit Recht oder Unrecht, läßt sich nicht leicht entscheiden. Daß die Fichtenwälder infolge der Lebendharzung, besonders bei längerer Dauer, leiden und zwar mehr wie die Kiefernbestände, steht außer Zweifel. Schon seit Jahrhunderten haben sich hervorragende Fachmänner stets gegen das Harzen der Fichte erklärt, und die Forstordnungen früherer Jahrhunderte enthalten allenthalben Verfügungen gegen die Harzung.

Die steigenden Arbeitslöhne, der steigende Holzwert und der zunehmende Holzmangel machten in Verbindung mit den mächtigen Harzmengen, die vom Auslande zu niedrigen Preisen hereinströmten, den Kampf gegen die Harzung leicht. Wenn sich auch hie und da Stimmen für eine rationelle Harzung erhoben, war der Verfall doch nicht aufzuhalten.

Erst die Kriegslage zeigte uns, daß Verhältnisse eintreten können, unter deren Drucke wir uns über vielfache Bedenken hinwegsetzen müssen, und man muß dem Gedanken Raum geben, daß wir uns gegen ein allenfallsiges Ausbleiben des ausländischen, insbesondere des amerikanischen Harzes vorsehen müssen und der Frage der Fichtenharzung näherzutreten gezwungen sein können.

Bezüglich des Schadens, den Fichtenbestände infolge der Harzung erleiden, sei hier auf Reuß: Die Schälbeschädigung durch Hochwild, hingewiesen, in welchem Werke auch die schädlichen Einflüsse der Harzung eingehend behandelt sind.

Das obenerwähnte Gutachten der Mariabrunner Versuchsanstalt enthält auch Angaben über die Schädigung der Fichte (Miklitz), doch beziehen sich diese nicht auf die Harzung, sondern auf die Schälschäden des Hochwildes.

Allerdings besteht eine gewisse Ähnlichkeit zwischen den Eingriffen der Fichtenharzung und dem Schälen des Hochwildes, doch bedeutet letzteres unbedingt eine viel größere Schädigung. Ebenso kann man die Angaben der auf den Harzungen früherer Zeit fußenden Beobachtungen nicht ohne weiteres auf eine rationelle, den Eigenschaften und der Empfindlichkeit der Fichte Rechnung tragende Harzung übertragen.

Das Hochwild schält in erster Reihe jüngere Hölzer, die dann 60 bis 80 Jahre hindurch die Wirkungen dieser Verwundungen zu ertragen haben. Ebenso wird wohl auch das Harzen in früherer Zeit

überwiegend an jüngeren und mittelalten Stämmen ausgeübt worden
sein, da die glatte Rinde solcher Stämme ein leichtes Arbeiten gestattet und die Fichte schon in jungen Jahren mit reichlichem Harzfluß auf Verwundungen reagiert. Es ist natürlich, daß die ja un-
bestreitbar gegen Fäulnis sehr empfindliche Fichte, jahrzehntelang mit
offenen Wunden dastehend, außerordentlich leiden muß und daß
infolge des eintretenden Siechtums und des Trockenwerdens des bloß-
gelegten Holzkörpers Käfer- bzw. Larvenfraß, Fäulnis (Rotfäule),
Windwurf und Schneedruck sehr gefördert werden, wenn auch nicht
— obwohl diese Befürchtung öfter geäußert wird — ein Zusammen-
bruch des Waldes zu erwarten ist. Eben die Schälschäden des Hochwildes zeigen, daß die Fichte — wenn auch mit empfindlichen mate-
riellen Schäden — unglaublich viel ertragen kann.

Eine langandauernde Harzung der Fichte kann nicht
empfohlen und nicht befürwortet werden, aber 2 bis 3 Jahre
vor dem Abtriebe können auch Fichtenbestände unbedenklich zur Harzung herangezogen werden, doch hat dies
in möglichst schonender Weise zu geschehen und darf stets nur ein
geringer Teil des Holzkörpers bloßgelegt werden.

Beim Durchforstungsmaterial — natürlich nur bei Hochdurch-
forstungen, d. h. beim Eingriff ins lebende Material — kann in Jung-
beständen auch die ganze Rinde mit Ausnahme eines zu verbleiben-
den Streifens abgeschält werden, doch sollten diese Stämme nicht
über ein Jahr stehen bleiben.

Mit einer gewissen Schädigung des Holzes muß dabei natürlich
gerechnet werden wie ja auch bei jeder anderen Harzung, doch wird
bei entsprechender Behandlung auch hier der Schaden unter dem
Nutzen bleiben, den der Rohbalsam bringt und wird auch hier im
Endergebnis eine Steigerung der Einnahmen erzielt werden.

Wie schon oben erwähnt, entfällt bei der Fichte die Notwendig-
keit des ständigen Erneuerns der Wundränder, weshalb die Werbungskosten wesentlich geringer bleiben; allerdings ist das gewonnene Rohharz weniger wertvoll.

4. Die Tanne und die Lärche.

Bei diesen beiden Holzarten ist die Technik des Harzungsverfahrens eine derartige, daß von einer nennenswerten Schädigung infolge
der Harzung wohl kaum die Rede sein kann, natürlich stets schonendes und rationelles Verfahren vorausgesetzt. So dürfen z. B. bei der
Tanne keine Steigeisen benützt werden und muß sich die Verwundung

auf ein schonendes Öffnen der Harzbeulen beschränken, bei der Lärche müssen die Bohrlöcher im Stock bleiben, also ganz tief angesetzt werden und sind sorgsam verschlossen zu halten.

Es frägt sich also bei dieser Nutzung in erster Reihe darum, ob die Kosten der Gewinnung durch den Erlös gedeckt bzw. übertroffen werden? Wenn ja, kann die Gewinnung der sehr wertvollen Rohbalsame unbedingt nur empfohlen werden.

5. Andere Holzarten.

Von den in Mitteleuropa für die Harzung noch in Betracht kommenden Holzarten wird Pinus Cembra der Schwarzkiefer gleichgestellt werden können, ja vielleicht noch größere Widerstandskraft zeigen. Bei den verschiedenen Arten der Bergföhre (Krummholz) ist eine Schädigung kaum zu befürchten, da hier nur die Triebspitzen abgeschnitten werden, und das Holz nur in engbegrenzten Gebieten als Brennholz gebraucht wird.

Die Seestrand- und die Aleppokiefer sind ebenfalls außerordentlich widerstandsfähig, auch ist die Verwendung des Holzes zumeist eine solche, daß die nur geringe Schädigung kaum eine Rolle spielen kann.

Pinus leucodermis dürfte sich ganz ähnlich verhalten wie die nahverwandte Schwarzföhre, Picea Omorika kann wohl der Fichte gleichgestellt werden, kann aber für die Harzung nicht in Betracht kommen.

In bezug auf die Strobe und die Douglasie können wir uns noch nicht äußern, doch dürfte auf die erstere dasjenige Geltung haben, was oben über die Weißkiefer gesagt war, die letztere aber ganz der Tanne gleichkommen.

_____

Ein Beispiel für die Rentabilitätsberechnung der Lebendharzung aufzustellen, halten wir für überflüssig und nutzlos, da diese von außerordentlich wechselnden Faktoren abhängig ist. Es muß in jedem Falle auf Grundlage der gegebenen Wirtschaftsverhältnisse und Absatzmöglichkeiten berechnet werden, ob die Kosten der Gewinnung und die Größe des zu gewärtigenden Schadens durch den Erlös der Harzung wettgemacht oder übertroffen werden, also eine Steigerung des Einkommens durch die Einführung der Lebendharzung zu erzielen sei.

Auf eines sei jedoch nachdrücklichst hingewiesen, was uns durch den Krieg deutlich vor Augen geführt wurde: Die Unabhängigmachung unserer Industrie von der Einfuhr, das Erhalten jeden Hellers im

Inlande, der nicht unbedingt ausgeführt werden muß, ist von außerordentlich großer Wichtigkeit, deshalb ist die Einführung der Harzung auch dort notwendig, wo sich damit keine Reichtümer sammeln lassen, sondern nur ein mäßiger oder geringer Gewinn zu erzielen ist.

Fünftes Kapitel.
Die Terpentindestillation.

Das im vorigen Kapitel beschriebene Produkt, das Balsamharz, d. h. Rohharz, muß auf marktfähige Ware verarbeitet werden. Man unterscheidet, wie schon bemerkt, zwei verschiedene Arten von Rohharz: 1. Flußharz, Rinnpech (dip, résine molle, gemme), d. h. ein Produkt von honigartiger Zusammensetzung und Viskosität mit 15 bis 20% Terpentingehalt, und 2. Scharrharz, Scherrpech (scrape, barras, gallipot), d. h. ein Produkt fester Konsistenz, welches an den Lachen der geharzten Nadelholzstämme eintrocknet und zeitweise abgekratzt wird. Die Rohharz aufarbeitende Industrie hat mit einem Zuschub von ungefähr $^1/_3$ Scharrharz und $^2/_3$ Flußharz zu rechnen. Bei sorgfältigen Harznutzungsmethoden verringert sich der Scharrharzanteil zugunsten des wertvolleren Flußharzes.

Die Verarbeitung von Rohharz auf dem Destillationswege gehört zu den forstwirtschaftlichen Nebenproduktionen und wird als Saison-

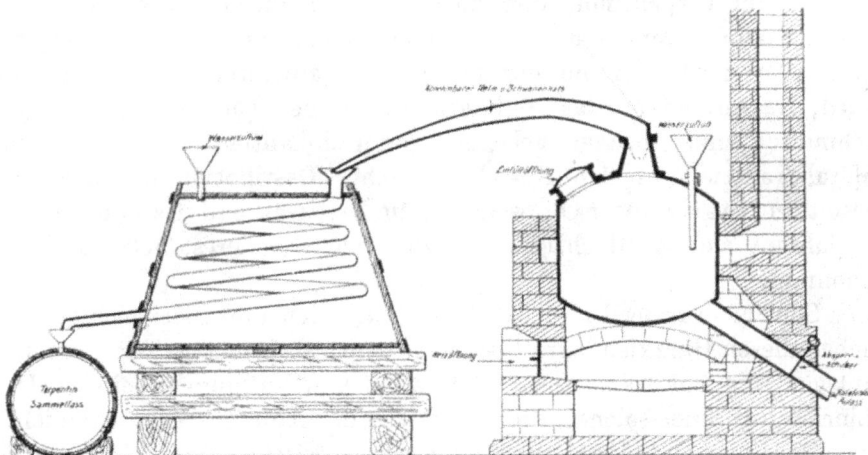

Abb. 44. Schematische Darstellung einer kleinen Pechsiederei.

industrie sowohl in den amerikanischen Südstaaten, wie auch in den
französischen Landes und in dem Wiener-Neustädter-Gebiet in Österreich ausgeführt, hier am primitivsten. Die Abb. 44 zeigt im allgemeinen
die Einrichtung einer solchen Verarbeitungsstelle (Pechsiederei), die
sowohl den Typus der amerikanischen wie auch der niederösterreichischen und französischen Anlagen repräsentiert. Die Größe der Blase
wechselt je nach der Gegend und der Größe des bewirtschafteten
Gebietes und beginnt ungefähr beim Kleinbetrieb schon bei 300 l
Inhalt, ja in Österreich schon bei 50 l.

Sowohl in Amerika wie in Frankreich wird das Verfahren im
Prinzip derart ausgeführt, daß das Rohharz in die Blase eingeführt
und das Terpentinöl mit freiem Feuer abgetrieben wird. Durch den
am oberen Teile der Blase angebrachten Trichter wird von Zeit zu
Zeit Wasser hinzugeführt, um das Terpentinöl mitzureißen. Zum
Schlusse der Destillation wird an dem seitlichen Stutzen das Kolophonium abgelassen.

In Österreich wird das Einführen von Wasser gar nicht oder nur
zu Beginn der Destillation vorgenommen und oft auch das Kolophonium nach der Destillation nur herausgeschöpft. Das Kolophonium
wird, wie es in flüssigem Zustande aus den Kesseln entfernt oder
abgelassen wird, von den vorhandenen Verunreinigungen durch ein
Metalldrahtsieb getrennt.

In Frankreich werden zwei verschiedene Destillationsmethoden
unterschieden: 1. wird, wie oben beschrieben, das Rohharz direkt in
die Blase gebracht (Destillation à térébenthine), so resultiert wohl
etwas mehr Terpentinöl, aber ein dunkles, minderwertiges, unansehn-
liches Kolophonium, das durch Zersetzungsprodukte der Verunreinigungen, welche während der Destillation auftreten, dunkel gefärbt
wird; 2. wird aber das Rohharz zuerst bei gelinder Wärme geschmolzen und absitzen gelassen, dann dekantiert und durch ein
Metalldrahtsieb in den Kessel gebracht (Destillation à résine), so
resultiert zwar weniger Öl, welches zum Teil während des Läuterungs-
verfahrens sich verflüchtigt hat, aber ein schöneres, helleres Kolophonium.

Sowohl in Amerika wie auch in Frankreich und Österreich gibt es
neben diesen Harzkleinbetrieben modernere, fabrikmäßige Destillations-
anlagen, die mit Dampf oder mit Dampf und Vakuum arbeiten. Die
Einrichtung einer solchen Anlage wird in der Abb. 45 veranschaulicht.

Die eingehende Beschreibung einer französischen Dampf-Terpentin-
destillationsanlage, sog. »System Col«, gab seinerzeit der Forstrat

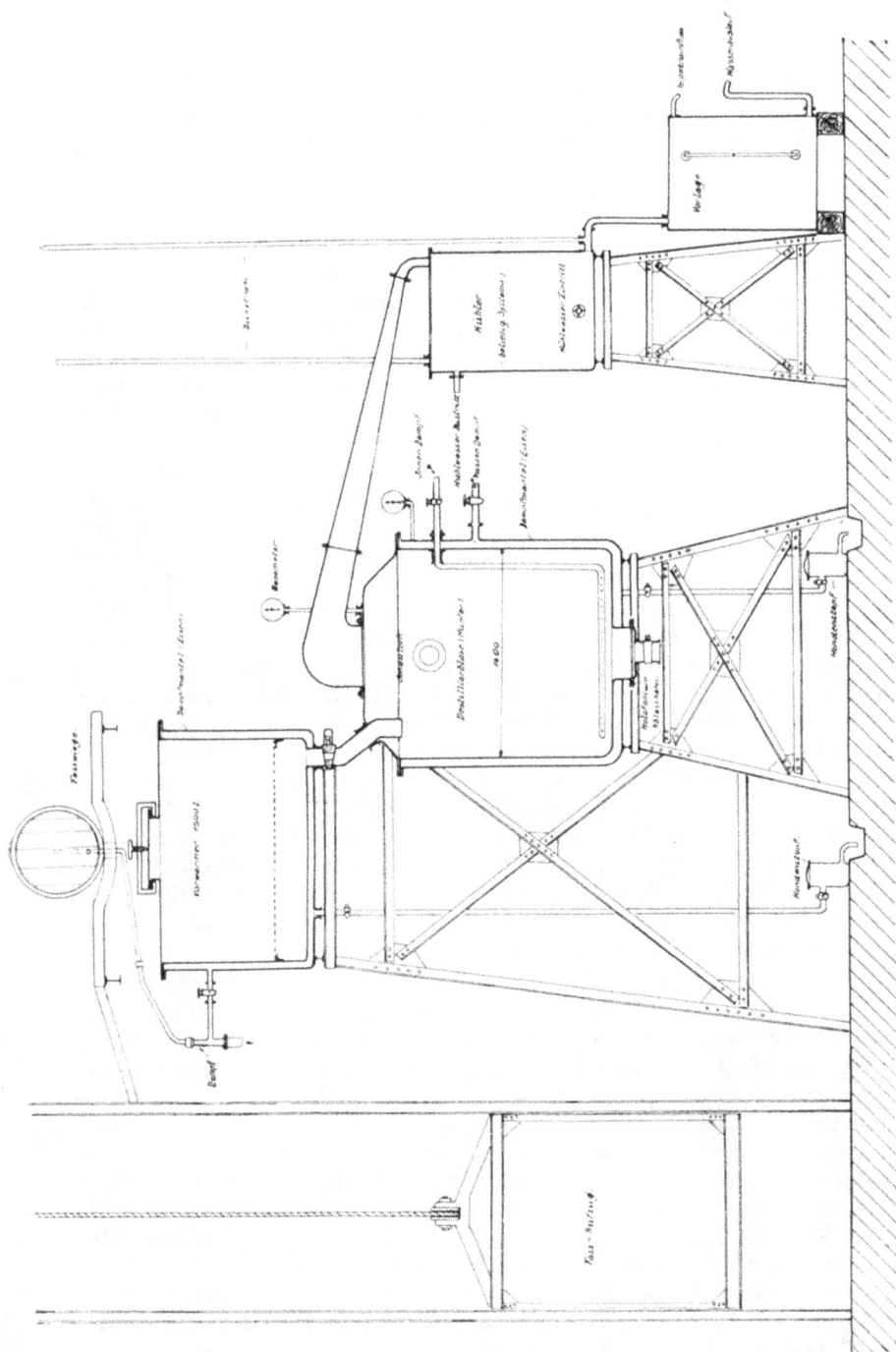

Abb. 45. Schema einer Dampfharzraffinerie.

A. Kubelka in seinem Artikel »Die Harznutzung in Österreich« (Mitteilungen aus dem forstl. Versuchswesen Österreichs. Verlag von Wilhelm Frick, Wien 1914). Dieser entnehmen wir folgendes (S. 51):

1. Vorbereitung.

Das Rohharz wird entweder dem Vorratsreservoir entnommen oder zur Zeit der Hauptsaison direkt in den Fuhrfässern mit der Dampfwinde auf die Plattform über dem Autoklaven gebracht und von hier aus in den Autoklaven entleert, der 7 Faß = 2380 kg faßt. (Das Normalfaß Rohharz wird in Frankreich usanzmäßig stets mit 340 kg gerechnet.) Die Fässer werden hierbei durch Einführung eines Dampfstrahles vollkommen gereinigt, um jeden Verlust zu vermeiden. Der Autoklav ist mit einem Rührwerk, das durch Transmission angetrieben wird, sowie mit doppeltem Dampfmantel versehen. Die Masse wird nun nach Verschließung des Autoklaven unter beständigem Rühren bis auf 95° erhitzt; ein versichert angebrachter Einstülpthermometer erlaubt die Temperaturkontrolle. Ist der gewünschte Hitzegrad erreicht, so bringt man das Rührwerk zum Stillstand, schaltet die Dampfzufuhr aus und läßt die Masse 1 bis 2 Stunden stehen. Die aus dem Autoklaven entweichenden Dämpfe passieren die Hilfsdestillierschlange und werden dort kondensiert, so daß auch bei dieser vorbereitenden Arbeit keine Terpentinölverluste eintreten können. Man zieht alsdann durch einen am Autoklaven vorgesehenen Hahn das Rückstandswasser ab, das sich unten in der Masse angesammelt hat und läßt sodann letztere in das erste Standgefäß abfließen, wobei die Masse ein zwischengeschaltetes Messingfilter zu passieren hat. Dieses hält alle gröberen Verunreinigungen im Autoklaven zurück, von wo sie schließlich in den Rückstandsbehälter entleert werden. Hat sich ein größerer Vorrat solcher Rückstände gesammelt, so unterwirft man sie natürlich nochmals einer Behandlung mit Dampf, um ihnen jede Spur von Terpentinöl zu entziehen. Der Rest wird nach Absieben auf schwarze Ware verarbeitet. Eine Charge des Autoklaven dauert 2 bis 3 Stunden, so daß pro Tag bequem drei solcher Manipulationen durchgeführt werden können.

In den Standgefäßen, die ebenfalls mit Rührwerken versehen sind, wird der bis dahin halbgereinigten Masse ein chemisches Reagens beigemischt[1]), das ca. 10 h pro 100 kg Harzmasse kostet, welches die Klärung und namentlich die Ausscheidung des feinsten Staubes beschleunigt. Auch die Standgefäße sind mit der Hilfsdestillationsschlange verbunden. Dieselben werden der Reihe nach gefüllt mit je einer Charge des Autoklaven und auch in derselben Reihenfolge nach 6—12stündigem Ruhen der Masse entleert. Die Einmauerung der Standgefäße geschieht, um die Wärme zurückzuhalten. Nachdem eine vollständige Trennung der letzten Spuren von Verunreinigungen aus der Harzmasse eingetreten, zieht man den Rest des Rückstandswassers, das auch das ausgeschiedene Klärmittel enthält, ab und bringt das Reinharz vermittelst des Montejus durch Dampfdruck in den Destillationsapparat. Oben auf der Harzmasse noch schwimmende organische Verunreinigungen bleiben hierbei im Standgefäß zurück und werden in den Rückstandsbehälter entleert. Damit beginnt nun:

---

[1]) Es dürfte Fullererde oder ähnliches sein (Bemerkung d. Verf.).

2. Die Destillation.

Der Dampfdestillierapparat wird von außen durch einen Dampfmantel, von innen durch Heizschlangen erhitzt; seine größte Beanspruchung beträgt etwa 6 Atmosphären. Er faßt 420 kg Reinharz. Nachdem der Apparat gefüllt, wird langsam der Heizdampf ausgelassen und zugleich Dampf in die Heizmasse eingeblasen. Die Destillation beginnt sofort. Ganz allmählich läßt man den Druck im Heizraum des Apparates steigen und erhöht damit die Temperatur; sobald dieselbe auf diese Weise 155° erreicht hat, ist die Destillation beendet.

Die Dämpfe, halb Wasser, halb Terpentinöl, passieren die Hauptdestillierschlange und fließen aus dieser nach erfolgter Kondensation in die Florentiner Flasche, in welcher eine selbsttätige Scheidung von Wasser und Terpentinöl stattfindet und von wo aus das Terpentinöl direkt, ohne erst eine Klärung abzuwarten, in die Reservoire gepumpt wird.

Das nunmehr gleichfalls vollkommen fertige Kolophonium wird aus dem Destillierapparat in ein kleines Bassin abgelassen und dieses mittels eines auf Schienen laufenden Wagens nach dem Kühlraum gefahren. Dort wird das Kolophonium in die Kühlform gegossen. Diese umfassen je ca. 100 kg; ihr Durchmesser entspricht demjenigen eines normalen französischen Harzfasses bei ca. 30 cm Höhe.

Die Dauer einer Destillation beträgt nur 40 Min., so daß in 8 Arbeitsstunden ca. 5000 kg, in 12 Stunden ca. 7500 kg Reinharz destilliert werden können. Der eigentliche Fabrikationsprozeß erreicht damit sein Ende[1]).

Die weitere Behandlung der Fertigprodukte.

Das Terpentinöl soll namentlich im Exportverkehr in Kesselwagen verschickt werden, die eine sichere Gewähr gegen Manko bieten, sowie eine Frachtersparnis durch Wegfall der Umschließungen ermöglichen. Kleinere Mengen verschickt man in hermetisch verschließbaren Eisenfässern, deren Einführung sich auch in Österreich empfehlen würde, um so mehr, als hier sehr leistungsfähige Fabriken existieren, die diese Fässer erzeugen.

Das Kolophonium bleibt zunächst 12 bis 14 Stunden zum Erstarren in den Formen. Hierauf nimmt der Vorarbeiter von jedem Block ein Muster, haut dieselben zu regelmäßigen, 22 cm im Quadrat messenden Würfeln zurecht und klassifiziert nun die Blöcke durch Vergleich der Farbe mit der amerikanischen Standardskala. Je drei genau gleichgefärbte Blöcke kommen in ein Faß und werden mit 70 bis 80 kg flüssigem Harz übergossen, wodurch ein Festsitzen der Ware im Faß erzielt wird. Die Fässer werden hierauf verschlossen, mit ihrer Qualitätsbezeichnung und fortlaufender Nummer versehen, gewogen, verbucht und sodann expediert oder im Freien gelagert.

Es wird behauptet, daß es in Frankreich üblich ist, vermittelst Sonnenbleichung die helleren Kolophoniumqualitäten noch zu verbessern und die Sorte WW noch zu überbieten. Die Franzosen sollen imstande sein, hierdurch noch 4 bis 5 Sorten über der Type WW,

---

[1]) Die »Landwirtschaftl. Genossenschaft« in Piesting, N.-Ö. arbeitet nach diesem Verfahren in einer von Frankreich stammenden Anlage, die knapp vor dem Weltkrieg geliefert wurde.

wodurch der Wert der Produktion erheblich gesteigert wird, zu erzielen (Reichert).

Die in Abb. 45 skizzierte Anlage arbeitet folgendermaßen: Das in Fässern zur Fabrik gebrachte Rohharz wird auf die Faßwage gebracht, dann aus dem Faß mittelst eines Dampfstrahles in den Vorwärmer geblasen, wo es eventuell mit Terpentinöl verdünnt, und

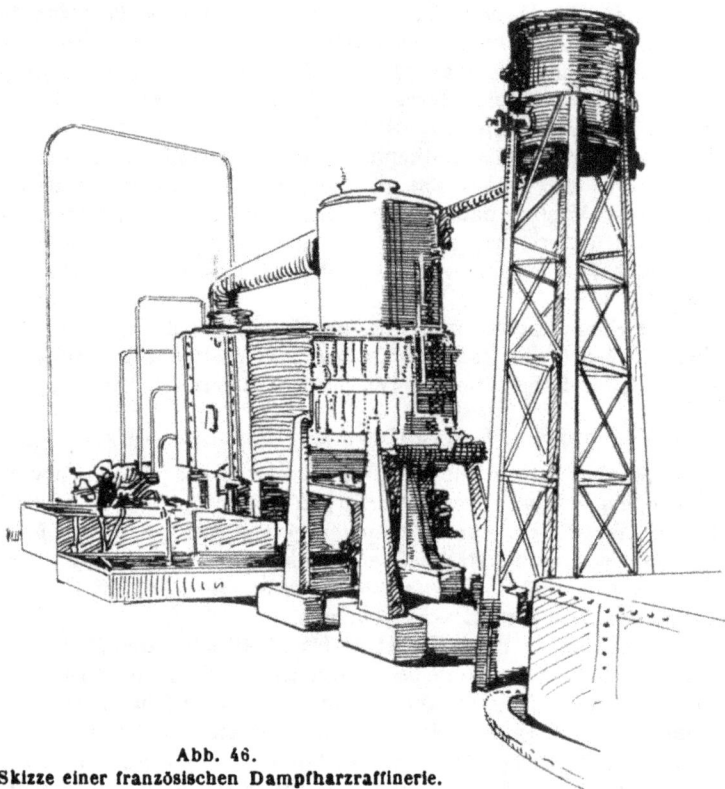

Abb. 46.
Skizze einer französischen Dampfharzraffinerie.

von wo es nach Absitzenlassen von den Verunreinigungen durch das Sieb befreit in die Destillationsblase fließt. Von hier wird das Terpentinöl mit einströmendem Dampf abgeblasen, wobei aber durch den Außenmantel die Temperatur der Masse gut über die Siedepunkttemperatur des Wassers, aber unter 140^0 gehalten wird, damit sich in dem, in der Blase zurückbleibenden Kolophonium nicht zu viel Wasser ansammle. Das abdestillierende Terpentinöl samt Wasserdampf zieht zum Kühler, der vorzugsweise ein Röhren- und kein Schlangenkühler sein soll, und kommt nach der Kondensation,

mit Wasser gemischt, in die als Florentinerflasche ausgebildete Vorlage, aus welcher das Wasser und das Terpentinöl getrennt abfließen.
Es ist geboten, beide Abflußröhren der Vorlage mit einem Hahn
zu versehen, damit der Abfluß des Wassers und des Terpentinöles

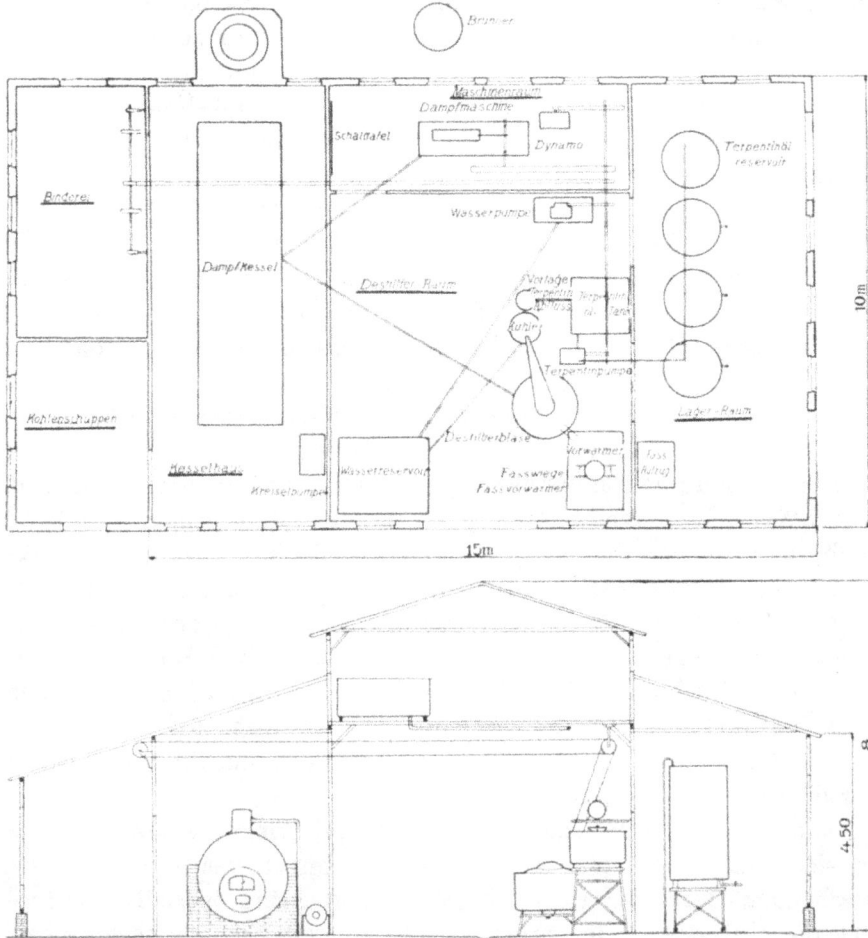

Abb. 47. Skizze einer Dampfharzraffinerie s. Fabriksanlage.

je nach dem Verhältnis der beiden Körper, wie sie bei der Destillation übergehen, geregelt werden kann. (Zu Beginn der Destillation
enthält das Destillatgemisch einen größeren Terpentinanteil als gegen
Ende der Destillation.)

Das heiß abgelassene Kolophonium wird nicht direkt in die Versandgefäße gebracht, sondern derart in mit Dampfschlangen geheizte

Kästen abgelassen, daß das im Kolophonium enthaltene, durch Kondensation des Destillierdampfes entstandene Wasser Zeit hat, sich an der Oberfläche abzuscheiden; das Kolophonium wird dann unten in die entsprechenden Versandgefäße oder, was noch günstiger ist, in entzweigesägte Holzfässer oder in sonstige auseinandernehmbare Formen hinabgelassen. Aus diesen Formen wird es nachher herausgeklopft, auf Versandgröße zerkleinert und entsprechend verpackt. Abb. 46 ist die Skizze einer französischen Dampf-Vakuum-Harzraffinieranlage, Abb. 47 die Skizze einer kompletten Dampfharzraffinieranlage.

Die Bleichung des erhaltenen Kolophoniums bleibt noch immer ein technisches Problem, dessen Lösung noch aussteht. Die von Reichert erwähnte Sonnenbleichung in Frankreich wird, wenn überhaupt, nur sporadisch ausgeführt und ist technisch im Großbetriebe nicht durchführbar. Die Sonnenbleichung des Produktes gibt zwar einige Resultate, ist jedoch zu schwerfällig, speziell in großen Betrieben. Eine Bleichung mit einem Absorptionsmittel, etwa Kohle, ist auch schlecht durchführbar; sie wurde mehrmals versucht. Die Bleichung durch Fullererde oder durch ultraviolette Strahlen scheint diejenige zu sein, welche bisher die am meisten ermutigenden Resultate ergab, doch müssen diesbezüglich noch gründliche Arbeiten im Großbetrieb ausgeführt werden. Eine Bleichung durch Chlorprodukte (Javellauge), die auf die alkalische Lösung des Kolophoniums zur Einwirkung gelangen, ist auch nicht von der Hand zu weisen (vgl. Kap. IX u. X).

Die Raffinierung des erhaltenen Terpentinöls kann entweder durch nochmalige Dampfdestillation oder, was noch besser ist, durch Vakuumdestillation ausgeführt werden, wodurch das Produkt sowohl in Farbe wie auch im Geruch gewinnt.

Die moderne Entwicklung der Technik bringt es immer mehr mit sich, daß die Kleinindustrie der Terpentinverarbeitung einer entsprechenden Großindustrie Platz gibt. Hierzu sind speziell in Österreich die besten Anläufe vorhanden, da die mit besseren technischen Hilfsmitteln erzeugten Waren auch eine bessere Qualität und infolgedessen eine bessere Marktfähigkeit aufweisen.

Sechstes Kapitel.
Die Verarbeitung von Fichten-Scharrharz.[1]

Bis zum Weltkrieg galt allgemein die Ansicht, Fichtenscherrpech könne auf Kolophonium überhaupt nicht verarbeitet werden; wohl wurde es sporadisch nach Läuterung für gewisse Zwecke, z. B. zur Brauerpecherzeugung, auch Harzölgewinnung verwendet, ein allgemeines in der Industrie durchwegs gebrauchtes Rohmaterial war es aber nicht.

Der Hauptgrund hierzu war wahrscheinlicherweise der, daß aus im IV. Kapitel erörterten Gründen (Verminderung des Wachstums, Schädigung des Rohmateriales usw.) die Fichtenwaldungen zur Harzung nicht herangezogen wurden, das Rohmaterial nicht am Markte war und die Industrie infolge der Fülle anderen, speziell amerikanischen Angebotes sich genügend mit Harz versehen konnte. Bei der während des Weltkrieges in Mitteleuropa aufgetretenen großen Nachfrage nach Harz und in Anbetracht dessen, daß die Fichtenwälder Mitteleuropas zufolge Wildschälung an vielen Stellen große Mengen an selbstgequollenen (nicht künstlich produzierten) Fichtenharzes aufwiesen, wurde in den Kriegsjahren zur Aufarbeitung auch dieses Rohmateriales geschritten.

Die hie und da vorkommende ältere Verarbeitungsart von Fichtenscherrpech war die Läuterung. Da dieses Fichtenharz stark mit Rinde und oft mit Erde verunreinigt ist — welche Verunreinigung oft bis zu 50% beträgt, aber nie weniger als 30% der Masse ausmacht —, der Terpentinölgehalt aber selten mehr als 3% der Gesamtmasse beträgt, war ein Ausschmelzen und Durchsieben des Schmelzgutes ohne weiteres immer notwendig, wenn die Ware überhaupt Verwendung finden sollte; durch Verdampfung eines Teiles des vorhandenen Terpentinöles wurde die Masse härter. Die so erzeugte Masse konnte zur Erzeugung von Harzölen weiter destilliert werden oder war, mit Harzöl gemischt, als Brauerpech direkt verwendbar. Zu einer wirklichen Verarbeitung auf hartes marktgängiges Kolophonium gelangte aber seinerzeit, wie bemerkt, die Ware nicht, da die rohe Masse auch pflanzengummiartige Produkte enthielt.

In der österr.-ungar. Monarchie, die ja in Mitteleuropa die größten Fichtenwaldungen besitzt, wurde während des Weltkrieges das Fichtenscherrpech zuerst zur Erzeugung von marktgängigem Kolophonium

herangezogen. Eine der ersten auf dieses Verfahren eingerichteten
Anlagen waren diejenigen der ungarischen Harzzentrale in Szob
(Ungarn)[1]. Die Abb. 48 enthält eine schematische Darstellung dieser
Anlage, welche folgendermaßen arbeitet: In einem ca. 5000 l fassenden Lösekessel A, der mit einem Dampfmantel versehen ist und einen
Doppelboden besitzt, wird das in Säcken verpackte Fichtenscharrharz, ca. 1000 bis 1500 kg, eingetragen und der Deckel hermetisch
geschlossen; mit diesem Lösekessel ist der Rückflußkühler R in Verbindung, derart, daß das in dem Kühler destillierende Produkt immer
wieder in den Kessel zurückfließt. Durch die Zirkulationspumpe P
wird aus dem Benzolbehälter durch Einschalten der Saugrohrleitung
Benzol emporgesaugt und durch die Brause auf das in Säcken befindliche, zu lösende Fichtenscherrpech herunterrieseln gelassen und
zwar solange, bis das Benzol ein gewisses Niveau in dem Lösekessel
erreicht hat. Nun wird durch Einlassen von Dampf im Dampfmantel Wärme zugeführt, damit das so erwärmte Benzol das Harz
besser in Lösung bringe; ev. verdampfende Benzolteile werden in
dem Kühler R wieder kondensiert und fließen in den Kessel A wieder
zurück. Die Pumpe P wird nun gegen den Benzolbehälter abgeschlossen
und wird als Zirkulationspumpe in Betrieb gesetzt; sie saugt die
Harzbenzollösung unter dem Doppelboden an und pumpt sie durch
die Brause wieder hinauf, wodurch die ganze Lösung in ihrer Zusammensetzung ausgeglichen und der im Apparate entstehenden
Schichtung entgegengearbeitet wird. Auch kann der Kessel so betrieben werden, daß die Pumpe und der Rückflußkühler ausgeschaltet
werden und die Ware einfach unter einem Druck von 2 bis 3 Atm.
durch das Benzol gelöst wird. Bei normalem Betrieb unter Rückfluß beträgt die Arbeitstemperatur ca. 70° C.

Ist die Lösung möglichst komplett fertig, so wird die Flüssigkeit,
die nunmehr Benzol, Harz und wenig Terpentinöl enthält und zwar
nach Möglichkeit ca. 30% Harz, in den kupfernen Destillationskessel K
abgelassen und mit indirektem Dampf (es liegt eine Heizrohrleitung
im Kessel) das Benzol derart abdestilliert, daß die Dämpfe durch den
Kühler N gehen und beim entsprechend gestellten Benzolwechsel W
wieder zu Benzol kondensiert, in den entsprechenden Benzolbehälter,
von wo das Benzol entnommen wurde, zurückfließen. Nach Abdestillieren des Benzols wird nunmehr das Terpentinöl mit direktem
Dampf abgetrieben (auch ein direktes Dampfrohr (Rohrkranz mit

[1]) Vgl. Mitteilungen über Gegenstände des Genie- und Artilleriewesens 1916,
S. 395.

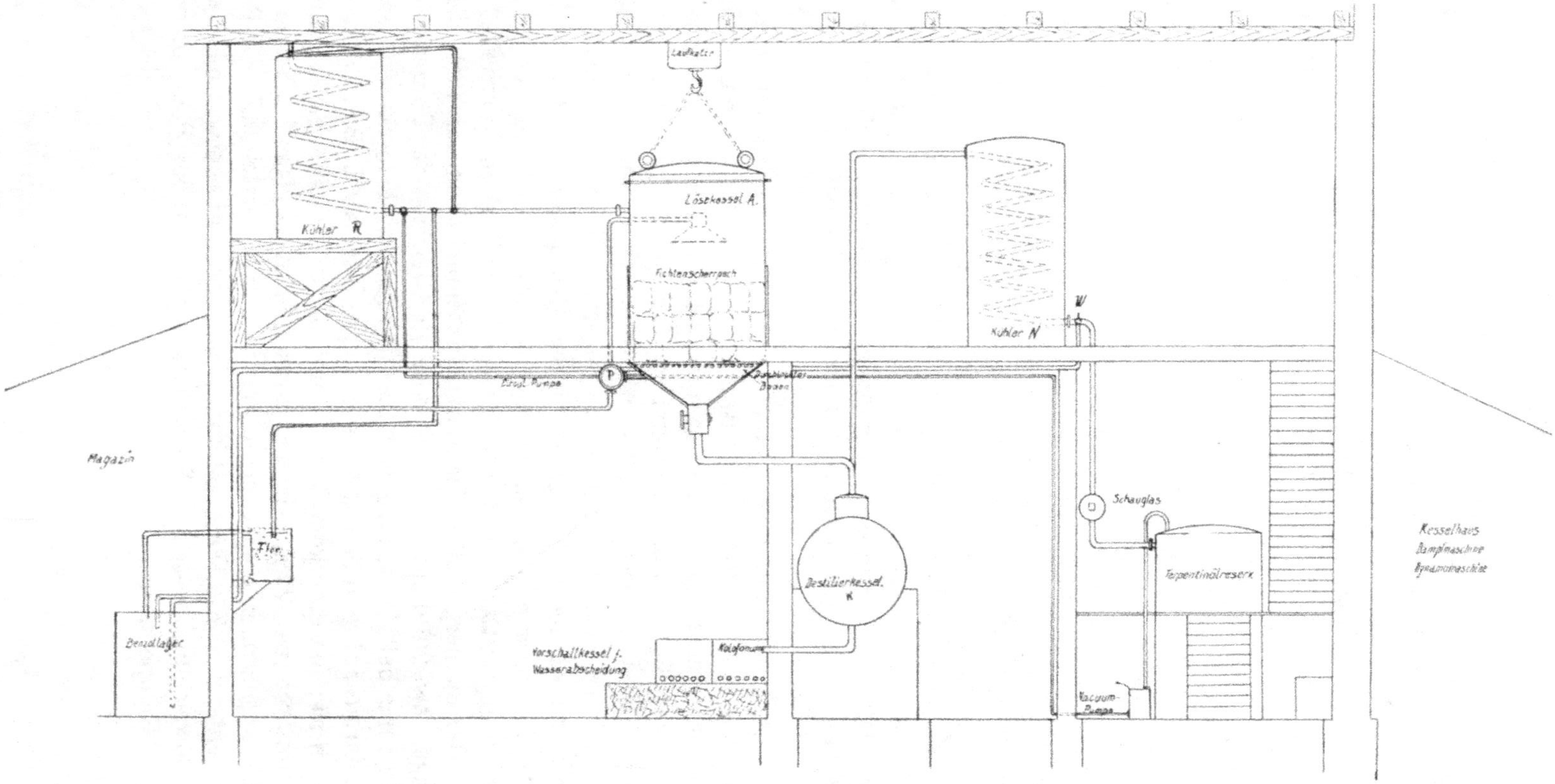

Abb. 48. Anlage zur Herstellung von Kolofonium aus Fichtenscherrpech. (Ungar. Harzzentrale in Szob.)

Löchern) liegt nämlich im Kessel); die letzten Reste werden im Vakuum abgetrieben, wobei eine Temperatur von ca. 140° nicht überschritten werden darf. Aus den im Lösekessel *A* befindlichen Rückständen wird das Benzol durch direkten Dampf ausgeblasen, im entsprechend geschalteten Rückflußkühler, der als Normalkühler funktioniert, kondensiert und in einer Florentinerflasche aufgefangen, aus welcher Kondenswasser und Benzol getrennt ablaufen können. Das Benzol fließt dann automatisch in den Benzolbehälter zurück.

Der Auspuff der Vakuumpumpe geht durch ein Rückschlagventil nach Passierung eines Syphonrohres ebenfalls in den Rückflußkühler *R*, um eventuelle noch vorhandene Mengen flüchtiger Lösungsmittel nicht zu verlieren. Das Terpentinöl wird in entsprechenden Reservoirs gesammelt. Es beträgt ca. 3% der Gesamtharzmenge. Das im Kessel zurückbleibende Kolophonium wird in mit Dampfröhren geheizte Eisenbehälter abgelassen, wo es sich vom obenauf schwimmenden Kondenswasser trennt, um von da aus in Fässer usw. abgelassen zu werden. Wird die Lösung Benzol-Kolophonium noch vor dem Abtreiben des Lösungsmittels mit Alkohol gemischt und dann Wasser zugesetzt, so scheiden sich die unangenehm wirkenden Pflanzengummi-bestandteile in der wässerig-alkoholischen Schicht ab und können entfernt werden.

Die ganze Apparatur kann auch nach Ausschalten des Löse-kessels *A* zur Destillation von Rinnharz verwendet werden, sowie auch nach entsprechenden Änderungen zur Raffination von Kienöl. Auch kann statt Benzol als Lösungsmittel Terpentinöl genommen werden; hierbei kann infolge des höheren Siedepunktes von Terpentinöl die Arbeitstemperatur auf 110° C gesteigert, und so die Arbeitsperiode abgekürzt werden. Der ganze Unterschied gegenüber Benzol ist im Falle der Verwendung von Terpentinöl nur, daß beim Abdestillieren des Lösungsmittels aus der Kupferblase im Vakuum gearbeitet wird.

Das so hergestellte Fichtenkolophonium kann für fast alle die-jenigen Zwecke dienen, wie das normale Kiefern- oder Föhrenkolopho-nium; nur bei Herstellung von Kunstfirnis muß bemerkt werden, daß das daraus auf dem Schmelzweg erzeugte Kalksalz in Benzin nicht gut löslich ist; um eine komplette Lösung in Benzin zu erzielen, muß ein Zusatz von ca. 20% Alkohol zum Benzin erfolgen. Hierauf wird noch eingehender eingegangen werden. Zur Herstellung von Papier-leim entspricht die Ware vollkommen, es wird aber etwas mehr davon zur Erreichung desselben Resultates verbraucht als vom amerikani-schen Kolophonium.

Eine zweite ähnlich arbeitende Fabrik für Kolophonium aus Fichtenscherrpech ist die der Fa. Allina & Co. in Wiener-Neustadt. Diese arbeitet nach demselben Prinzip wie die Anlage in Szob, war aber früher, ebenso wie die Szober Anlage, für einfache Destillation von Föhren-rohharz eingerichtet worden und ist während des Krieges unter Einfluß-nahme der österr.-ungar. Heeresverwaltung wie die Szober Anlage für

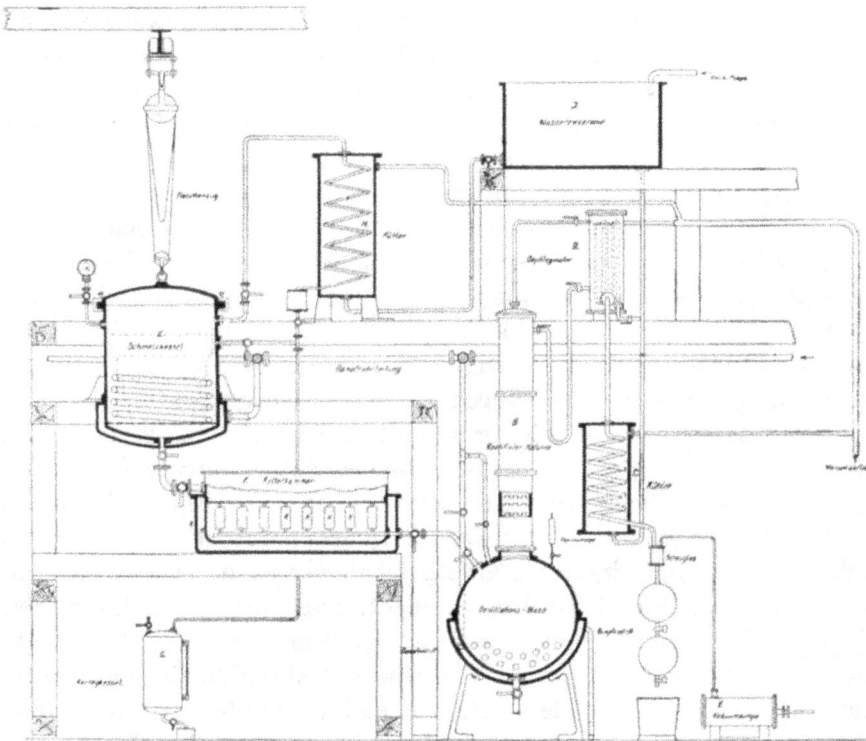

Abb. 49. Anlage zur Herstellung von Kolophonium aus Fichtenscherrpech
(Fa. Allina in Wr.-Neustadt).

Fichtenharzverarbeitung umgebaut worden. Der Unterschied gegen Szob ist nur der, daß bei der Wiener-Neustädter Firma, deren Anlage äußerst kompliziert gebaut ist, die Rohharzlösung noch durch einen speziellen Filter gesogen wird, während in Szob die Rohharzlösung durch zwangsweise Zirkulation filtriert wird. Bei der Wiener-Neustädter Anlage ist keine zwangsweise Zirkulation vorhanden.' Die Abb. 49 veranschaulicht die Betriebsart der Anlage, welche folgendermaßen arbeitet: In dem mit beweglichem Deckel versehenen Kessel E wer-den Drahtsiebkörbe, deren Durchmesser sich nach unten verjüngt,

mit Fichtenscherrpech gefüllt, eingesetzt; und zwar geschieht deren
Füllung außerhalb des Kessels, und werden die Körbe mittels des
für den Deckel vorhandenen Flaschenzuges in den Kessel eingesetzt.
Hierauf wird aus dem Benzolbehälter G Benzol eingepumpt und mittels der im Kessel eingebauten Dampfschlange und dem Außenmantel
der Kesselinhalt unter geringem Druck erwärmt. Das Benzol löst das
Lösliche vom Fichtenscherrpech auf; diese dicke Lösung fließt dann
durch den Bodenhahn in den Filter F. Das bei der Erwärmung sich
verflüchtigende Benzol wird durch den als Rückflußkühler geschalteten Kühler H kondensiert und in den Kessel zurückgeleitet, oder
aber, es wird der Hahn geschlossen und die Lösung erfolgt unter einem
gewissen Benzoldruck. Ist nun die Lösung in den Filter F herunter-
geflossen, so wird das überschüssige Benzol aus den Rückständen durch
direkten Dampf herausgeblasen und durch den hierbei normal geschalteten Kühler H kondensiert und im Sammelgefäß G aufgefangen; das
aus der Kondensation des Dampfes sich sammelnde Wasser wird unten
bei G abgelassen (vgl. Fig. 49). Das Filter wirkt derart, daß die in den
Kasten abfließende dicke Flüssigkeit durch den Warmwassermantel N
leichtflüssig gehalten wird, durch die aus Drahtgeflecht bestehenden
runden Filterelemente K hindurchfließt und im Rohr L gesammelt in
den Destillationskessel A gelangt. Um die Filterelemente K setzt sich
der mitgerissene Rückstand an; hiervon kann das Filter F von Zeit
zu Zeit befreit werden. Der Destillationsapparat A ist sowohl mit
indirekter wie mit direkter Dampfheizung versehen; zuerst wird mittels indirektem Dampf das Benzol abgetrieben; die Dämpfe, die etwas
Terpentinöl mitreißen, passieren die Fraktionierkolonne B und den
Dephlegmator D, wodurch das Terpentinöl zurückfließt, und werden
dann im Kühler C kondensiert, um endlich in den Sammelgefäßen
aufgefangen zu werden. Nach erfolgter Destillation des Benzols wird
nunmehr mit direktem Dampf das Terpentinöl abgetrieben und zwar
zum Teil mit Vakuum, so daß die Temperatur 120 bis 140° erreicht.
Bei dieser Temperatur geht das gesamte Terpentinöl, ca. 3 bis 3½%
der Gesamtmasse, weg und kann in entsprechenden Gefäßen gesammelt werden. Im Destillationsapparat H bleibt das reine Kolophonium zurück und kann abgelassen werden. Auch in diesen Apparaten
kann mit Terpentinöl statt Benzol gearbeitet werden.

Die im Kessel zurückbleibenden Rückstände haben noch einen
Gehalt von 5 bis 15% Kolophonium resp. Rohharz, wenn kein genügender Benzolüberschuß genommen wird; infolgedessen empfiehlt
es sich, ungefähr 1½ bis 2 Teile Benzol auf 1 Teil Rohharz beim Auf-

lösen im Kessel zu nehmen, wodurch eine ziemlich dünnflüssige Lösung resultiert, die von den Rückständen glatt abfließen kann. Hierdurch wird auch der Rückstand geringer. Auch empfiehlt sich, wie schon vorhin bemerkt, die Behandlung mit einem geringen Alkoholzusatz.

Das aus Fichtenscherrpech auf die beschriebene Art und Weise gewonnene Kolophonium läßt sich in fast jedem Industriezweig ebenso verwenden wie das gewöhnliche Föhrenkolophonium oder das amerikanische Kolophonium; jedoch muß darauf Rücksicht genommen werden, daß sich dessen Derivate in Erdölderivaten schlecht lösen; man hat an deren Stelle Steinkohlenderivate zu verwenden; so muß man bei der Erzeugung von Kunstfirnis daraus mit einer gewissen Vorsicht vorgehen. Zu Kunstfirnis werden bekanntermaßen gehärtete Harze (Harzkalk) verwendet. Der aus Fichtenkolophonium erzeugte Harzkalk ist wohl in Benzol, Terpentinöl und Alkohol gut, in Lackbenzin aber schlecht löslich. Infolgedessen wäre man gezwungen, Kunstfirnisse mit Benzol als Lösungsmittel zu erzeugen; da jedoch eine Benzollösung eine mit Leinöl erzeugte Schicht abbeizt, so wäre dieses Lösungsmittel und somit dieses Kolophonium für Kunstfirniszwecke nicht verwendbar. Diesem Mangel kann man dadurch abhelfen, daß man als Lösungsmittel ein Gemisch von Benzol und Alkohol nimmt, hiermit dicke Harzkalklösungen erzeugt und zu diesen die gewünschte Verdünnung an Lackbenzin zusetzt. — Ein Gehalt von 20% an Alkohol genügt, um das Kalksalz des Fichtenkolophoniums in Lösung zu halten.

Andere Produkte, die sonst mit normalem Kolophonium erzeugt werden, können mit Fichtenkolophonium ebenso hergestellt werden, doch ist immer zuerst eine vorsichtige Probeverarbeitung notwendig. — Besonders bei der Destillation dieses Produktes auf Harzöl muß sorgfältig verfahren werden.

Der Hauptgrund des unterschiedlichen Verhaltens des Fichtenkolophoniums gegenüber Föhren- oder amerikanischem Kolophonium liegt hauptsächlich darin, daß der Resengehalt des Fichtenharzes doppelt so groß ist wie der Resengehalt des amerikanischen Harzes[1]). (5 bis 6% beim letzteren gegen 10 bis 12% bei der Fichte.)

---

[1]) Über Zusammensetzung des Fichtenharzes vgl. Klason u. Köhler, Journ. für prakt. Chemie 1906 (73), S. 337 und Tschirch, Die Harze und die Harzbehälter, 2. Aufl., 1906; 1. Aufl., 1900, S. 264.

Siebentes Kapitel.

Technische Grundlagen der Harzextraktion; Gewinnung und Zerkleinerung des Wurzel- und Stockholzes.

Die fabrikmäßige Erzeugung von Kolophonium und Terpentinöl aus den Wurzeln und Stöcken der jährlich zur Nutzung anfallenden Stämme bildet eine Großindustrie und muß als solche entsprechend fundiert werden, d. h. es muß für einen nachhaltenden Betrieb gesorgt sein.

Dies ist infolge der verschiedenen Harzgehalte der Waldrücklässe der verschiedenen Koniferenarten nur dort möglich, wo Weiß- oder Schwarzföhrenwälder in genügender Ausdehnung zur Verfügung stehen, um die Fabrik ständig mit genügendem Rohmaterial versehen zu können, da weder Tanne noch Fichte in irgendeinem Teile des Holzes für eine industrielle Verarbeitung genügende Mengen an Terpentin (Rohharz) enthalten[1]). Doch ist hierbei nicht nur die jährliche Schlagfläche — die meist auf Grund 80- bis 100jährigen Umtriebes berechnet ist — bzw. die jährlich anfallende Holzmenge in Rechnung zu ziehen, sondern es ist auch darauf Rücksicht zu nehmen, ob nicht die Rodung der Wurzelstöcke gegen forstpolizeiliche oder gesetzliche Vorschriften verstößt und ob waldbauliche Rücksichten dieselbe wünschenswert und zweckmäßig erscheinen lassen.

Bei ebenem oder hügeligem Gelände dürften hierbei kaum irgendwo Schwierigkeiten zu erwarten sein, im Gegenteil, im Interesse der Wiederaufforstung dürfte die Rodung stets empfehlenswert sein. Ganz anders gestaltet sich aber die Lage im Gebirge, um so mehr, als sowohl die Schwarz- wie auch die Weißkiefer sehr häufig auf felsigen, steilen Böden stocken, die nach dem Kahlabtrieb der Verkarstung ausgesetzt sind. Auf solchen Böden ist schon der Kahlhieb bedenklich, um so mehr aber die Stockrodung, da infolge der Bodenlockerung die Gefahr des Abschwemmens der fruchtbaren Humusschichte aufs äußerste gesteigert wird.

Es genügt ein Blick auf den dalmatinischen Karst, den vor ein paar hundert Jahren noch üppige Nadelwälder krönten, um uns zu

---

[1]) Der Harzgehalt der Fichte im Wurzelstock übersteigt kaum 2%. Tharandter, Forstw. Jahrbuch (1,9 bis 2,2%), 1874, S. 177. Aus dem Stammholz der Tanne ist ca. 0,9%, aus dem Wurzelstock auch nur 0,9% Harz erhältlich. Sägespäne der Kiefernarten enthalten höchstens bis zu 3% Harz.

überzeugen, welche Gefahren durch eine verfehlte Nutzung der Wälder heraufbeschworen werden können.

Auf solchen felsigen, steinigen Böden, auf steinigen Hängen dürfen Stockrodungen nur bei den Durchforstungen (d. h. beim Abtrieb vereinzelter, vom Forstpersonale bezeichneter Stämme noch vor dem erreichten Umtriebsalter) vorgenommen werden, bei der Hauptnutzung, dem Abtriebe der hiebreifen Stämme nach Ablauf der Umtriebszeit, aber nur dann, wenn die Wiederaufforstung bzw. die Verjüngung der Bestände auf natürlichem Wege oder durch sofortige Neuaufforstung erfolgt und zwar in einer solchen Weise, daß die zeitgemäße Verjüngung unbedingt gesichert sei.

Die Anlage eines Extraktionsbetriebes mit dem Zwecke, aus dem Stock- und Wurzelholze und anderen Rückständen und Abfällen der jährlich anfallenden Holzmasse in fabrikmäßigem Betriebe Kolophonium und Terpentinöl zu erzeugen, kann nur dort als finanziell für gesichert betrachtet werden, wo zur Speisung täglich mindestens ¾ Waggons Stockholz bzw. zur Extraktion geeignete Rücklässe und Abfälle zur Verfügung stehen. Die Kombination eines rationellen Umtriebes mit einem Kolophoniumextraktionsbetrieb wurde zuerst im Jahre 1916 in Ungarn durch die Verfasser durchgeführt.

Ein Schulbeispiel für die richtige forsttechnische Fundierung einer Harzextraktionsanlage bildet die vom fürstl. Pálffyschen Forstrat G. A. Bittner in Malaczka, Pozsonyer Kom., auf dem gleichnamigen Waldgut ins Leben gerufene, von einem der Verfasser entworfene Anlage. Diese Anlage verarbeitet täglich in Tag- und Nachtschicht ca. 6 bis 8 t Stockholz, das in den eigenen Schlägen gewonnen wird. Da bei der dortigen Bestockung (280 bis 320 Stämme pro Hektar) und dem Umtriebsalter von 100 Jahren auf einem Katastraljoch (0,57 ha) ca. 1 bis 1,1 Waggons (à 10 t) Stockholz gefördert werden, so braucht man zur richtigen, fortlaufenden, täglichen Speisung der Harzextraktionsanlage mit Rohmaterial eine jährliche Rodungsfläche von 230 bis 250 Katastraljoch; dies entspricht bei dem 100jährigen Umtrieb einem Waldgebiete von ca. 24000 Katastraljoch, d. h. von 13500 bis 15000 ha.

In Malaczka sind nahezu 30000 Katastraljoch Weißkiefern, d. h. ca. 17000 ha vorhanden, so daß bei dem dortigen einem Waldgute schon die verläßlichen Grundlagen zur Errichtung einer Fabrik vorhanden waren.

Diese Zahlen geben natürlich nur einen ganz allgemein gehaltenen Fingerzeig. Die Berechnungen müssen mit Rücksicht auf die ungemein wechselvolle Bonität, die Bestockung, die Verteilung der

Altersklassen, den Zustand der Bestände, mit einem Worte: auf die
Verhältnisse des Waldes von Fall zu Fall erfolgen, um eine sichere
Grundlage für die Errichtung und den Betrieb der Extraktionsfabrik
zu erhalten.

Der Zuschub des Holzmaterials kann, je nach den Verhältnissen,
auf verschiedene Weise erfolgen. In den meisten Fällen dürfte die
Anlage einer Waldbahn oder, im Gebirge, einer Drahtseilbahn oder
anderer Bringungsanlagen nicht nur vorteilhaft, sondern geradezu
notwendig sein. Wenn eine derartige Einrichtung schon vorhanden
ist, was heutzutage bei geregelten und intensiven forsttechnischen Betrieben meistens der Fall sein dürfte, muß dieselbe unbedingt in Rechnung gezogen werden und ist die Extraktionsanlage in unmittelbarer
Nähe der Bringungseinrichtungen zu errichten. Der Anschluß an bestehende Sägewerke, wie beim angezogenen obigen Beispiel (Malaczka),
oder an andere forstindustrielle Betriebe wird in der Regel die
günstigste Lösung sichern.

Die Gewinnung des Wurzel- und Stockholzes erfolgt
mittels Rodung. Das primitivste und älteste Verfahren der Rodung
ist das Ausgraben und Aushacken. Auch werden verschiedene maschi-
nelle Konstruktionen dazu verwendet, die besonders bei lockerem
Boden und bei älteren Schlagflächen sich ziemlich gut bewähren.
Bei älteren Schlagflächen, deren Abtrieb bereits vor einigen Jahren
erfolgte, ist ein Teil der Wurzeln schon verfault, die Stöcke sitzen
infolgedessen weniger fest in der Erde und lassen sich vermittelst
geeigneter Maschinen (sog. Waldteufel) verhältnismäßig leicht und
unversehrt herausheben[1]).

In neuerer Zeit findet die Rodung mit Hilfe von Sprengstoffen
steigende Verbreitung. Hierzu kann jeder gute Sprengstoff zur Anwendung kommen, doch sind nur die zu empfehlen, die gegen Frost,
Stoß, Schlag, Hitze ziemlich unempfindlich sind. So z. B. wird in
Nordwestungarn (Malaczka, Privigye) und Bosnien (Busovaca, Visegrad) das Dynamon der österr.-ungar. Heeresverwaltung mit Vorteil
verwendet[2]), während im Auslande Chloratsprengstoffe und andere

---

[1]) Nähere Angaben über solche Maschinen s. in den Fachwerken über Forstbenutzung; z. B. Gayer-Mayr, Die Forstbenutzung; Mathey, Traité d'exploitation des bois; Szécsi, Erdöhasználattan u. a., sowie in den forstlichen
Fachzeitschriften.

[2]) Eingehende Beschreibung des dabei zu befolgenden Verfahrens s. in der
vom österr.-ungar. KM. (Pulvermonopol) herausgegebenen diesbezüglichen Flug-
schrift.

Sprengstoffe zur Verwendung kommen. Die k. ungar. Zentralforstversuchsanstalt in Selmeczbánya erzielte vor einigen Jahren mit dem
sog. »Titanit« befriedigende Erfolge.

Auch flüssige Luft arbeitet sehr gut, doch begegnet die Anwendung dieses modernen Mittels insofern Schwierigkeiten, als es sich
bei dem Rodungsbetriebe meist um ausgedehnte Flächen handelt,
weshalb der Transport der flüssigen Luft meist nur mit großem Verlust an Sprengmaterial bewerkstelligt werden kann. Es ist auch bei
der Rodung mit Sprengstoffen zu berücksichtigen, daß beim forstlichen Betriebe stets solche Hilfsmittel zu benützen sind, die längeren Transport, längeres Lagern und rauhere Behandlung (Schütteln)
ertragen. Eingehendere Beschreibungen über die Rodung mit Sprengstoffen enthalten die obenerwähnten Fachwerke und Zeitschriften.
Ganz moderne Verfahren mit flüssiger Luft umgehen alle die ob-
erwähnten Schwierigkeiten.

Die Gewinnung des Wurzelstockholzes mittels Sprengstoffen ist ziemlich ergiebig. Man hat bei der Wurzelstockrodung, die für die österr.-
ungar. militärische Harzextraktionsanlage in Visegrad erfolgte,
bei einem mehrmonatlichen Betrieb als Durchschnitt ermitteln können,
daß mit 1 t Sprengstoff (Dynamon) ungefähr 350 t, d. h. 35 Waggons
Stockholz gewonnen werden konnten. Die zur Gewinnung von Stockholz benötigte Arbeiterzahl wechselt ja nach den Bodenverhältnis
und nach der Bringungsart. Auf Sandboden bei Weißföhren wurden
im Durchschnitt 30 bis 40 Arbeitstage für einen Waggon (à 10 t) benötigt (Malaczka), während für Schwarzföhren, in gebirgigem Terrain
und je nach Entfernung der Waldbahnen von der Stockholzgewinnungs-
stelle 70 bis 170 Arbeitstage für die Produktion von einem Waggon
verwendet werden müssen (Bosnien). Außerdem sind auf 10 bis
15 Arbeiter je zwei Paar Trag- und ein Paar Zugtiere zu rechnen. —
Hierbei muß aber bemerkt werden, daß der Harzgehalt der Schwarzföhre um ca. 30% höher ist als derjenige der Weißföhre.

Die Zerkleinerung des Stockholzes ist eine der Haupt-
operationen der Harzextraktionsanlagen; sie richtet sich einerseits
nach der Extraktionsapparatur, anderseits aber nach der späteren
Verwendung der ausgelaugten Holzrückstände.

Es kann zwischen zwei typischen Zerkleinerungsarten des Holzrohmateriales unterschieden werden: 1. Vermahlung, 2. Raspelung.

Die Vermahlung des Holzes erfordert etwas weniger mechanische, aber mehr menschliche Arbeitskraft; die Vermahlung gestattet
die Erreichung einer geringeren Korngröße, was aber nicht unter allen

Umständen notwendig ist. — Die Vermahlung des Holzrohmateriales
erfolgt derart, daß zuerst das Stockholz mit einer Fuchsschwanzsäge,
dann mit einer kräftigen Kreissäge auf doppelfaustgroße Stücke zerkleinert wird. Das so zerkleinerte Holz wird mit einer zweibeiligen
Motorholzhacke, Abb. 50, in zolldicke Stücke zerhackt und diese Stücke

Abb. 50. Motorholzhacke zum Zerkleinern von Wurzelstockholz.

in der Schlagkreuzmühle, Abb. 51 und 52, zerschlagen. Die Schlagkreuzmühle ist im Prinzip einer Häckselmaschine gleich, nur wirkt
bei ihr statt der Messer ein schweres, scharfkantiges, schnell rotierendes Stahlkreuz. Als Kraftverbrauch kann bei der Aufarbeitung von
ca. einem Waggon Stockholz pro Tag für die Schlagkreuzmühle 20 bis
25 PS, für die Säge und die Hacke je 5 PS gerechnet werden. Der
Zuschub von täglich einem Waggon Holz zur Kreissäge braucht
ca. 2 bis 3 Arbeiter pro Tag, die Säge einen, die Motorhacke zwei und
die Schlagkreuzmühle wieder· einen Arbeiter. Das aus der Schlag-

Abb. 51. Schlagkreuzmühle, leichte Type.

Abb. 52. Schlagkreuzmühle, schwere Type.

kreuzmühle kommende Holzklein wird mit..els mechanischer Vorrichtungen in die entsprechenden Extraktionsapparate geführt.

Die Korngröße des zerkleinerten Holzes hängt von dem Rost der
Schlagkreuzmühle ab; ein' Rost mit größeren Abständen zwischen
den Roststäben läßt naturgemäß größere Stücke durchfallen. Zwar
ist es von Interesse, bei der Auslaugung ein möglichst fein zerkleinertes Extraktionsgut zu haben, aber wenn die Verhältnisse es gestatten, ist es eher geboten, schon um die Bildung von Flüssigkeits-
kanälen im Extraktionsgut zu verhindern, die Zerkleinerung auf ein
solches Maß zu beschränken, daß 1½ bis 3 mm dicke und ca. 18 bis
25 mm lange oder längere Holzspäne resultieren. Solche Späne müssen
bis zur guten Extraktion viermal (bei dreimaliger Extraktion bleiben
ca. 0,9% Harz zurück), bis zur erschöpfenden Extraktion mindestens
fünfmal, aber ev. auch öfters mit dem Lösungsmittel ausgelaugt werden, haben aber den Vorteil, nach der Extraktion nicht nur als Feuerungsmaterial der Anlage zu dienen, sondern auch als vorzügliches
Rohmaterial für die Zellstoffindustrie hoch bewertet zu werden; dies
aber nur infolge ihrer Faserlänge, welche die Herstellung eines lang-
faserigen Zellstoffes gestattet, der Papiere mit guter Rißfestigkeit
(bis zu 5000 m und mehr) gibt. Diejenigen Rückstände, die allzu
fein, etwa auf $^1/_3$ bis $^3/_4$ mm Dicke und 5 bis 6 mm Länge, zerkleinert
wurden, werden zwar schon mit dreimaliger bis viermaliger Auslaugung erschöpfend extrahiert, so daß nur mehr 0,6% Harz darin
verbleibt, sind aber entweder nur als Feuerungsmaterial der eigenen
Anlage oder in günstigem Falle bei der Verarbeitung auf Zellstoff zu
einem nur zur Pappeerzeugung geeigneten Zellstoff zu verwenden,
woran ihre Kurzfaserigkeit die Schuld trägt[1]). Die Schlagkreuzmühlen
werden in verschiedenen Größen gebaut.

Die Zerkleinerung mit der Holzraspelmaschine, Abb. 53
und 54, ist bedeutend einfacher und erfordert viel weniger menschliche Arbeitskraft. Die Holzraspelmaschine besteht aus einem großen,
schweren Rad, an dessen Peripherie ein Satz scharfer Messer angebracht ist. Das Rad erhält seitwärts einen Antrieb. Die Rotation ist
ziemlich rasch, neben dem Rad ist ein großer, 45 cm breiter Trog
von einigen Metern Länge angebracht, in den das unzerkleinerte Holz
eingeführt wird; dieses Holz wird mittels eines, durch einen Zahnrad-
und Schraubenantrieb im Trog bewegten Stempels gegen die mit Mes-

---

[1]) Dies ist, abgesehen vom geringeren Harzgehalt, mit ein Grund dazu
welcher die Verwendung der beim gewöhnlichen Schnittholz abfallenden Sägespäne zu einer rationellen Harzextraktion ausschließt.

sern versehene Peripherie des großen Rades gedrückt; hierdurch werden quer zur Faserrichtung des Holzes entsprechend feine Raspelspäne abgeschnitten, welche unter dem Rad fallend sofort auf eine mechanische Fördervorrichtung kommen können, die sie direkt zur Extraktionsanlage schafft. Der im Trog befindliche bewegliche Stempel kann, sobald er das Ende seines Laufes erreicht hat, durch Umschaltung seiner Antriebsvorrichtung rasch in seine Anfangsstellung gebracht werden; nun wird der Trog nochmals mit Holz gefüllt, und der Stempel beginnt nach Umschaltung wieder, dieses Holz gegen die mit Messern versehene Stirnfläche des Rades zu drücken. Bei diesem System der Zerkleinerung braucht also eine Vorzerkleinerung des Holzes mit Säge, Hacke usw. nicht stattzufinden.

Wenn das Stockholz, das zur Verarbeitung gelangt, in der Dicke die beiden Dimensionen 45 cm auf 45 cm nicht überschreitet, so kann es direkt in den Trog der Raspelmaschine geworfen werden. Gewöhnlich übersteigt aber das Rohmaterial diese Dimensionen nicht, da es schon zur Bringung vom Walde auf etwa diese oder noch kleinere Dimensionen vorzerkleinert werden muß; wird also durch Sprengung ein ganzer Wurzelstock gewonnen ohne zersplittert zu sein, so wird er noch im Walde behufs besserer Abförderung mit einer Sprengpatrone in 2 bis 3 Teile gespalten. Dies kann auch fallweise im Fabrikhof geschehen. Zur Bedienung der Holzraspelmaschine genügen infolgedessen zwei bis drei Arbeiter und etwa ein Junge, der die Umstellung des Riemens bei der Rückwärtsbewegung des Stempels vollführt. Zur Zerkleinerung eines bis anderthalb Waggons Stockholzes in 10 Arbeitsstunden wird eine Raspelmaschine gebraucht, welche beim Antrieb 60 bis 75 PS, während des Ganges aber nur 50 bis 55 PS verbraucht. Sie wiegt auch mehr wie eine Schlagkreuzmühle, ist entsprechend kostspieliger und braucht einen viel robusteren Unterstand. Auf steinigem Waldboden gewonnenes Stockholz muß jedoch vor der Zerkleinerung genau untersucht werden, ob keine überwachsenen Steine darin enthalten sind. Diese sind zu entfernen.

Die mit der Holzraspelmaschine erzeugten Holzspäne ähneln nicht denjenigen, die mit der Schlagkreuzmühle erzeugt wurden; der Hauptgrund ist der, daß während die Schlagkreuzmühle lange Holzspäne liefert, die Raspelmaschine eine Art von Holzhobelspänen ergibt, die aber nicht in der Richtung der Längsfasern des Holzes, sondern unter einem gewissen Winkel quer darauf geschnitten sind. Durch die hierbei erreichte größere Kapillarität erfolgt bei diesen Raspelspänen natürlich eine leichtere und raschere Durchdringung des Rohmateriales

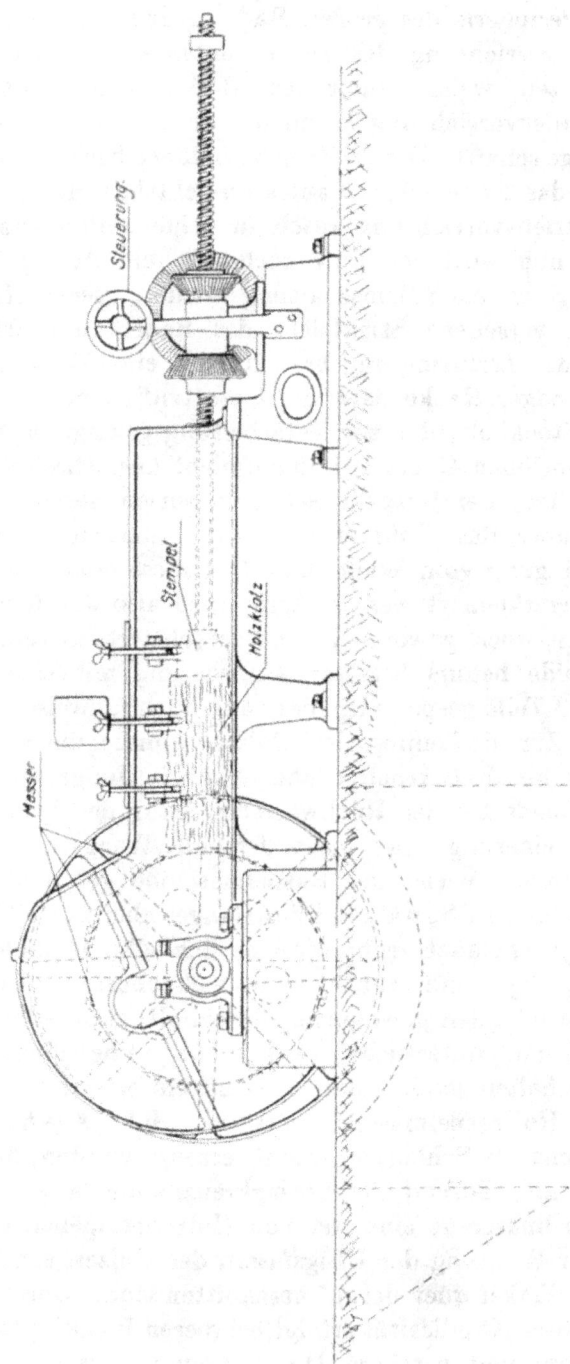

Abb. 53. Holzraspelmaschine System Gläser, Wien. Querschnitt.

Abb. 54. Holzraspelmaschine System Gläser, Wien. Ansicht.

durch das Extraktionsmittel, infolgedessen auch eine raschere Extraktion, womit natürlich eine größere Leistungsfähigkeit einer Extraktionsanlage verbunden ist. Durch Regelung der Umdrehungsgeschwin-
digkeit des mit den Schneidemessern versehenen Rades der Maschine,
ferner durch die Änderung der Entfernung der einzelnen Messer voneinander, endlich durch Änderung der Schiebgeschwindigkeit des
Druckstempels im Holztrog läßt sich die Raspelschnittdicke und somit die Länge der Holzfaser beliebig ändern, so daß man eventuell
in der Lage ist, das Rohmaterial derart zu zerkleinern, wie es für
die weitere Verwendung nach der Extraktion notwendig erscheint.
Hierdurch und infolge der Kapillarität dieses zerkleinerten Rohmateriales, welche die Extraktion ganz bedeutend erleichtert, erscheint es
möglich, auf die später zu erfolgende Verarbeitung des ausgelaugten
Holzkleins auf langfaserigem Zellstoff schon bei der Zerkleinerung
genügend Rücksicht zu nehmen, jedoch weniger, als bei der Schlagkreuzmühle.

Es ist unbedingt geraten, infolge des starken Verbrauches an
Messern bei der Aufstellung einer Holzraspelmaschine auch eine Messer-
schleifmaschine mitaufzustellen, um beim Betriebe infolge Abstump-
fens der Messer nicht allzu lange aufgehalten zu sein; auch ist es
geboten, mindestens 5 Satz Messer zu jeder Holzraspelmaschine zu
haben.

Die Anlage der Zerkleinerungsvorrichtungen erfolgt am besten
derart, daß man unter ihnen an der Stelle, wo das zerkleinerte Rohmaterial herausfällt, sofort eine mechanische Fördervorrichtung, etwa
ein Transportband oder ein Paternosterwerk, montiert, das das Holzklein direkt in die Extraktionsanlage bringt.

Achtes Kapitel.

Die Extraktion des Wurzelstockholzes. Die Extraktion im allgemeinen; Wurzelstockholzextraktion bei stehendem Rohmaterial und beweglicher Extraktionsflüssigkeit.

Nach erfolgter Zerkleinerung wird das Holzklein extrahiert, d. h. es wird mit einem organischen Lösungsmittel[1]) daraus das Rohharz ausgelaugt, diese Auslaugungslösung vom Holz getrennt und das Lösungsmittel aus dieser Auslaugungslösung derart abgedampft, daß es wiedergewonnen und zu einer neuen Auslaugung wieder verwendet werden kann.

Die Extraktion kann im Großbetriebe im allgemeinen nach folgenden Prinzipien erfolgen:

1. **Diffusionsweise oder batterieweise Extraktion.** Das Rohmaterial wird in eine Batterie von mehreren mit Doppelboden versehenen Apparaten eingefüllt und in diese Apparate das flüchtige Lösungsmittel aus einem Sammelgefäß eingepumpt, derart, daß zuerst ein Apparat, dann der zweite und dritte, endlich der $n$te Apparat vom Lösungsmittel, das sich unterdessen mit dem zu extrahierenden Stoff angereichert hat, durchlaufen wird; zum Schlusse kommt das mit Extraktionsprodukten angereicherte Lösungsmittel in einen Destillationskessel, aus welchem das Lösungsmittel abdestilliert und in das für das Lösungsmittel bestimmte Sammelgefäß zurückgeleitet wird. Derjenige mit Rohmaterial versehene Apparat, der am meisten vom Lösungsmittel passiert wurde und somit gänzlich ausgelaugt ist, wird nun ausgeräumt und mit frischem Rohmaterial gefüllt, das mit einem solchen Lösungsmittel in Kontakt kommt, welches bereits viel Extrakt gelöst enthält; dieses Lösungsmittel kann aber aus dem sehr extraktreichen Rohmaterial immer noch etwas herauslösen. Der zweite Apparat wird hierbei der erste usw. Dieses Verfahren wird fortlaufend fortgesetzt. Eine solche Extraktionsart wird für Wurzelstockholz nicht angewendet, da sie bei derselben Leistungsfähigkeit größere Anschaffungskosten und ein komplizierteres Rohrleitungssystem als andere Systeme beansprucht.

---

[1]) Neuerdings wurden Vorschläge gemacht (Prof. Schwalbe, Eberswalde, vgl. Chem. Ztg. 1917 vom 24. März), Holzklein mit verdünnter Natronlauge behufs Harzgewinnung zu extrahieren. In die Praxis ist dieses Verfahren noch nicht übergegangen.

2. Extraktion im Merzschen Extraktionsapparat, Abb. 55.
Dessen Prinzip wird vom Erfinder, Ingenieur Josef Merz in Brünn,
wie folgt beschrieben: »Der Merzsche Extraktionsapparat besteht im
wesentlichen nur aus zwei Teilen: dem mit dem Extraktsammler M
vereinigten Extrakteur L und dem Kühler H, welcher mit dem Reservoir V für das Lösungsmittel kombiniert ist. Extrakteur L wird durch
Mannloch d mit dem zu extrahierenden Material beschickt und aus
Reservoir V soviel Lösungsmittel einfließen gelassen, bis es die Höhe g
des Hebers erreicht, welcher dasselbe nach M zieht. Mit Hilfe der
Dampfschlange f wird das Lösungsmittel abgedampft, die Dämpfe
steigen in der Pfeilrichtung, das Material erwärmend, nach aufwärts

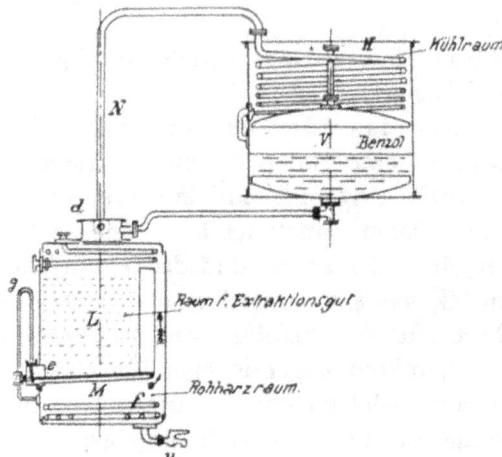

Abb. 55.

und kondensieren an einer unter der Decke von L angebrachten Kühl-
schlange. Die noch warme Flüssigkeit fällt nach L zurück, um, sobald die Höhe g erreicht ist, wieder nach M überzutreten. Der Vorgang wiederholt sich, und man unterbricht diesen automatisch sich
vollziehenden Kreislauf erst dann, wenn eine bei e gezogene
Probe die Beendigung der Extraktion anzeigt. Die Kühlung im Extrakteur wird abgestellt, die Dämpfe steigen nach Kühler H, kondensieren dort, und das Lösungsmittel fließt nach V; aus dem Extrakt und
aus dem extrahierten Material werden die letzten Reste des Lösungsmittels durch direkten Dampf ausgetrieben. Der Extrakt wird durch
u abgelassen und der Extrakteur bei der Tür e entleert.« Dieser Apparat
wird in der Fettindustrie allgemein benützt und wurde auch in die
Industrie der Stockholzextraktion eingeführt, wo er sich nach einigen

Änderungen glänzend bewährt hat. Auf seine Funktion bei der Stockholzextraktion wird weiter unten eingegangen werden. — Diese beiden vorgenannten Extraktionsmethoden sind nach dem System des stehenden Rohmateriales mit beweglicher Extraktionsflüssigkeit gehalten.

3. Extraktion mit rotierenden Apparaten. Dieses Verfahren, welches u. a. von der Firma Otto Wilhelm in Stralsund ausgeführt wird, arbeitet derart, daß in einem rotierenden Lösegefäß Extraktionsgut und Lösungsmittel unter Erwärmung gemischt zusammen bewegt werden. Nach einer gewissen Zeit wird das mit Extrakt angereicherte Lösungsmittel abgezogen und das Extraktionsgut mit frischer Lösung nochmals behandelt; diese zweite, an Extrakt arme Lösung dient später als erstes Lösungsmittel für frische Ware; derart angereichert kommt es in eine Destillationsblase, wo das Lösungsmittel wiedergewonnen wird, während der Extrakt zurückbleibt. — Auch nach diesem System wurde eine Harzextraktionsanlage errichtet, auf deren genauere Beschreibung im nächsten Kapitel eingegangen werden wird.

Da die hohen Anschaffungskosten und gegenüber dem Merzschen Extraktionsverfahren verminderte Leistungsfähigkeit die Inferiorität der Extraktion mit rotierenden Apparaten nachwiesen, wurde die Merzsche Arbeitsweise im allgemeinen bevorzugt. Letzterer Arbeitsweise wurden die meisten in Österreich-Ungarn während des Krieges entstandenen Harzextraktionsanlagen angepaßt (Busovaca in Bosnien, Malaczka und die der Carpatia A.-G. in Privigye in Ungarn, Vergrößerung der Harzanlage in Visegrad), und nach dem Verfahren des stehenden Extraktionsgutes und der beweglichen Flüssigkeit eingerichtet.

Diese Stockholzextraktion mit unbeweglichem Extraktionsgut und beweglicher Extraktionsflüssigkeit wird im Großbetriebe wie folgt eingeführt: Das laut Angabe des vorigen Kapitels zerkleinerte Rohmaterial kommt mittels mechanischer Fördervorrichtungen (Paternosterwerk) in das Extraktionsgebäude resp. direkt in den Extraktor A (vgl. Abb. 56: Busovacaer Anlage). In diesem Extraktor erfolgt nun die Auslaugung wie oben beschrieben derart, daß zuerst aus dem Benzolsammelkessel des Kühlers B_2 Benzol auf die Holzmasse gelassen wird, derart, daß in dem Extraktionsraum von A diese auslaugende Flüssigkeit die Masse von unten nach oben durchdringt. Nachdem fast das ganze Benzol im Extraktionsraum sich befindet, wird die Masse erhitzt; bald übersteigt die Flüssigkeit das Niveau 10, wodurch die Siphonwirkung in dem Rohre 10 auftritt und die ganze Lösungsflüssigkeit, schon mit einer gewissen Menge

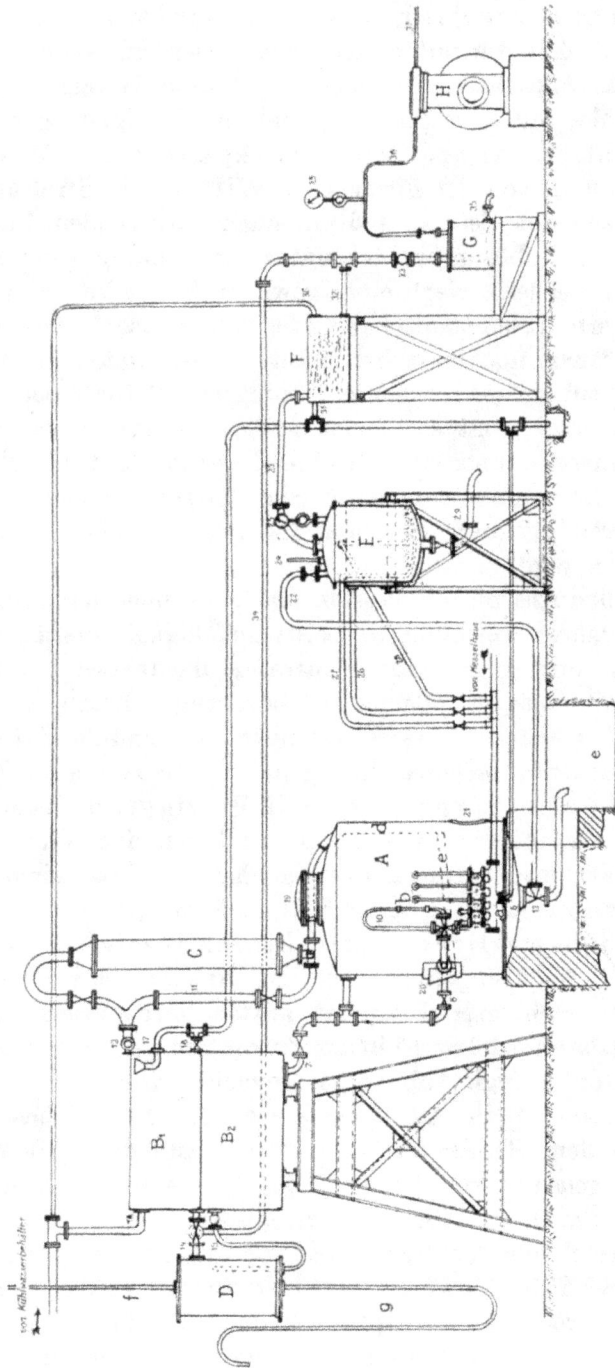

Abb. 56. Schema der Harzextraktionsanlage in Busovaca (ohne Zerkleinerungsvorrichtungen).

Rohharz in Lösung, in die Rohharzkammer *R* fließt; von hier wird sie zuerst durch indirekten Dampf (1), dann mittels direkten Dampfes (2) wieder verdampft, wobei das Rohharz als nichtflüchtiges Produkt zurückbleibt; die Benzoldämpfe steigen die Zwischenwand entlang (*d*) in das Geistrohr 11 und durch dieses in den Kühler B_1, wo sie kondensiert werden, und nach Passierung des Wasserabscheiders *D* wieder in das Benzolsammelgefäß fließen. Diese Auslaugung wird drei- bis viermal wiederholt, wobei das ganze Rohharz aus dem Holzklein ausgewaschen wird. Beim letzten Abdampfen des Lösungsmittels wird dieses bei einer gut geführten Harzextraktion in den Rektifikator *c* geleitet; dies ist eine Fraktionierkolonne, die dazu dient, von dem Benzol das eventuell noch mitgerissene Terpentinöl zu trennen. Hierbei muß genügend Sorge dafür getragen werden, daß der Rückfluß der hochsiedenden Bestandteile aus der Fraktionierkolonne (Rektifikator) in die Rohharzkammer stattfinde, wozu eine entsprechende, an die Geistrohrmündung angebrachte Rinne vollständig genügt oder aber, es wird die Mündung des Geistrohres derart angebracht, daß der Rückfluß in die Rohharzkammer direkt stattfindet. — Nach der vollständigen Auslaugung des Holzkleins mittels Benzol werden die letzten Reste des Benzols mittels direktem Dampf (4) aus dem Holzklein ausgeblasen, wodurch ein Lösungsmittelverlust von nicht viel über $\frac{1}{2}\%$ an Benzol, auf das Holzklein bezogen, resultiert. (Hat man eine entsprechende Verlustverhütungsanlage in den Auspuff der Vakuumpumpe der Anlage, von welcher noch später die Rede sein wird, laut Angaben des nächsten Kapitels eingebaut, so kann dieser Verlust noch vermindert werden, indem man zum Schluß Dampf und Vakuum zusammen zum gänzlichen Erschöpfen des Holzkleins verwendet; Leitung 34.) — Das so vom Rohharz wie auch von den Spuren des Lösungsmittels befreite Holzklein kann nun aus dem Extraktionsgefäß durch die entsprechende Tür 20 ausgeräumt werden und geht in die Zellstoffabrik. Die Dauer einer solchen Extraktion beträgt 4 bis 5 Stunden; hierzu kommt noch die Zeit des Ein- und Ausräumens des Apparates. Man kann ungefähr $2\frac{1}{2}$ bis 3 Chargen in einem Arbeitstag von 24 Stunden damit ausführen, es ist jedoch ratsam, wegen der Gefährlichkeit der Arbeit mit Benzol nicht mehr als 2 Chargen mit einem Apparat in 24 Stunden zu machen.

Wenn in der bisher beschriebenen Weise gearbeitet wird, so resultiert in der Rohharzkammer das gesamte im Holz vorhanden gewesene Rohharz. — Es läßt sich aber auch auf eine etwas abweichende Art verarbeiten, was weiter unten beschrieben werden wird.

Das in der Fettkammer befindliche Rohharz ist ein balsamartiger
Körper mit ca. 18 bis 20% Terpentinölgehalt; dieses Rohharz wird
nun mittels des Vakuums durch die mit Dampfmantel umgebene Rohrleitung 22 aus e in einen Vakuumdestillationsapparat E gesogen, dadurch, daß man im Vakuumdestillationsapparat mittels der Vakuumpumpe H eine gewisse Luftleere hervorruft und dann das mit indirektem
Dampf in der Rohharzkammer warm und leichtflüssig gehaltene Rohharz hinübersaugt. Da beim Abkühlen dieses Rohharz erstarrt und
die Röhren verstopft, ist es notwendig, die Rohrleitung, durch welche
das Rohharz in den Vakuumapparat gesogen wird, mit einem Dampfmantel zu umgeben; das Innenrohr kann zur Leitung des nunmehr
flüssig bleibenden Rohharzes dienen. Das Rohharz kommt nun in
den mit einem Doppelmantel versehenen Vakuumdestillationskessel E,
der auch im Kesselraum sowohl eine direkte (28), wie auch eine in-
direkte, mit Dampfdruckreduzierventil versehene Dampfzuleitung (27)
hat. Der Vakuumkessel ist mittels eines Kühlers F mit 2 Sammelgefäßen G versehen (in der Abbildung ist nur eines abgebildet), welche
durch die Vakuumpumpe H ständig unter tunlichst starkem Vakuum
gehalten werden. — Die Pumpe wird zuerst nicht eingeschaltet, sondern das vorhandene Terpentinöl erst nach Tunlichkeit mit direktem
Dampf bei normalem Luftdruck in das Empfangsgefäß abgetrieben.
Hierbei gehen nur die leichtflüchtigen Terpenkohlenstoffe über.

Es darf aber nicht vergessen werden, daß bei der Zerkleinerung
des Holzes dieses und damit das darin befindliche Terpentinöl sehr
intensiv mit Sauerstoff in Verbindung kam, speziell in der Schlagkreuzmühle, wo durch den dort herrschenden Luftzug, die durch die
Arbeitsleistung entwickelte Wärme und durch die große Oberfläche
die denkbar günstigsten Verhältnisse zur Oxydation der an sich leicht
oxydierbaren Terpene vorhanden sind; infolgedessen wird das Extraktionsrohharz nicht nur die zwischen 155 bis 180° siedenden, flüchtigen Terpene, sondern auch erhebliche Mengen ihrer flüssigen, viel
höher siedenden Oxydationsprodukte enthalten, die weder durch
direktem Dampf, noch durch Destillation mit geringem Vakuum sich
leicht entfernen lassen. Solche Produkte sind: Pinol, Pinon, Sobrerol,
Verbenon usw. Außerdem enthält das Extraktionsrohharz noch neben
den gewöhnlichen Terpenen Terpenalkohole und zwar hauptsächlich
Terpineol[1]), dann Fenchylalkohol, Borneol und auch das Oxyd Cineol.
All diese Terpenderivate haben einen sehr hohen Siedepunkt und werden vom Rohharz zäh und energisch zurückgehalten, so daß nach

---

[1]) Vgl. Teeple, Journ. Amer. Chem. Soc. 1908 (30), S. 421.

der durch Destillation erfolgten Entfernung der Terpene ein Kolophonium resultiert, das einen großen Teil obiger Terpenderivate enthält,
wodurch sein Erweichungspunkt kaum 45 bis 50⁰ übersteigt[1]); dieses
Produkt ist in der Hand knetbar. Zwar läßt es sich für viele Zwecke
(Seifenfabrikation, Harzölgewinnung) schon in dieser Form verwenden,
beim Kolophonium ist aber eine spröde, springharte Ware handelsüblich,
welche mindestens einen Erweichungspunkt von 60 bis 70⁰C nach
Krämer-Sarnow haben muß. Dies wird nur erreicht, wenn die
obengenannten Terpenderivate aus der Masse entfernt werden, wozu es
notwendig erscheint, bei sehr hohem Vakuum und ziemlich hoher
Temperatur die Masse zu destillieren. Zu diesem Behufe wird der gut
gegen Wärmeverlust isolierte Vakuumdestillationsapparat von außen
mit Dampf von 8 bis 9 Atm. auf 170 bis 180⁰ (Leitung 26) und auch
mehr erwärmt (zu Beginn unter geringem, vorsichtigem Einblasen von
entspanntem Wasserdampf) und mittels der Vakuumpumpe eine Luftleere von nicht mehr als 35 bis 50 mm Quecksilberdruck hervorgerufen;
es gehen dann auch obige schwerflüchtige Produkte, u. a. Terpineol, über,
wobei es fallweise angemessen erscheinen wird, das Kühlwasser mit
Dampf zu erhitzen, da die Destillate beim Überwiegen von Fenchylalkohol bereits im Kühler erstarren und diesen verstopfen. Dies ist jedoch äußerst selten nötig. Zum Schluß wird ohne Dampf destilliert und
noch vorsichtig Luft durch das Kolophonium durchgesogen, wodurch
der Erweichungspunkt des Kolophoniums um einige Grad erhöht wird.
Dieses Luftdurchsaugen geschieht dadurch, daß an die Dampfleitung des
direkten Dampfes nach dem Druckreduzierventil ein Lufthahn eingeschaltet wird, der während der Vakuumdestillation und der Dampfdestillation geschlossen bleibt. Ist diese Destillation fertig, so bleibt
die Vakuumpumpe weiter im Gang, der Lufthahn wird langsam geöffnet und so durch das Rohr, durch welches früher der entspannte
Dampf einströmte, nun die Luft durchgesogen. Die Destillate
werden flüssig im Sammelgefäß aufgenommen. Der Destillierapparat
darf nicht allzu voll gefüllt werden, da die Masse stark schäumt. Es
ist auch geboten, um ein Übersteigen der Masse zu verhindern, daß
nach Tunlichkeit der ganze Apparat hoch hinauf bis zu dem Deckel
mit dem äußeren Dampfmantel versehen wird; denn das Übersteigen
findet so statt, daß die Rohharzmasse, die in der Wärme dünnflüssig,
bei tieferen Temperaturen aber zähflüssig ist, solche Blasen entwickelt
die ev. in dem höheren, etwas kälteren Teil der Blase durch Abkühlen
zähflüssigere Hüllen haben, welche nicht rasch genug platzen und

---

[1]) Nach Krämer-Sarnow-Barta gemessen.

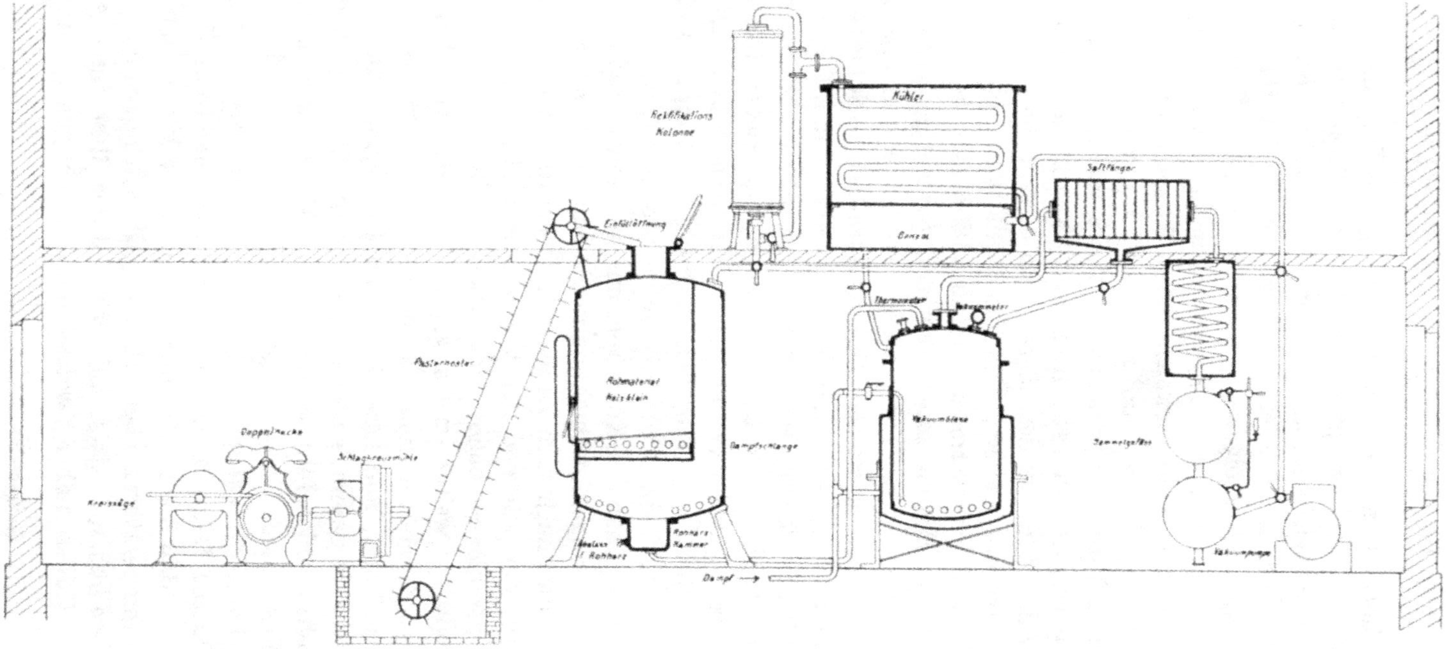

Abb. 57.   Schema einer Harzextraktionsanlage.

von den nachfolgenden Blasen ev. in die Rohrleitungen geschoben werden. Dem wird durch die ganze Erwärmung des Blasenraumes entgegengearbeitet. Dem Schäumen wird auch abgeholfen, indem man, wie bei der Zuckerindustrie zwischen die Blase und den Kühler einen sog. Schaum- oder Saftfänger einschaltet (vgl. Abb. 57). Dieser besteht aus einem mit Außendampfmantel geheizten, mit Schaugläsern versehenen, sehr breiten Rohr, in welchem mehrere durchlochte Metallplatten senkrecht auf die Rohrachse befestigt sind. Am untersten Punkt des Rohres befindet sich ein Ableitungsrohr mit Hahn, das zum Vakuumkessel zurückführt. Der Schaumfänger funktioniert derart, daß die überschäumte Masse sich an den durchlochten Platten bricht, an diesen herunterrieselt und durch das Rohr wieder in den Kessel fällt.

Hat man keinen Schaumfänger eingebaut, so kann man eine glatte Destillation auch dadurch erreichen, daß man den Vakuumkessel nur bis zu $1/5$ oder $1/4$ seiner Höhe füllt und so destilliert, wobei das Überschäumen ebenfalls vermieden werden kann.

Nach Abdestillieren der oxydierten Terpene resultiert ein zwar etwas dunkleres, aber schon hartes Kolophonium, das nach bekannten Methoden auf lichtere Ware raffiniert werden kann. Es kann z. B. im siebenfachen Gewicht an 2proz. Natronlauge aufgelöst und die noch vorhandenen hochsiedenden Terpene mit Wasserdampf abgetrieben werden; der Rückstand wird mit Javellauge oder NaOCl-Lösung gebleicht, und aus der so gebleichten Natronharzseife mittels entsprechenden Mengen Natriumbisulfat das lichte, harte Kolophonium gefällt. Dieses muß noch umgeschmolzen werden.

Auch eine Bleichung mit Fullererde ist möglich, jedoch weniger praktisch ausführbar.

Statt im Vakuumdestillationsapparat kann man das durch Extraktion resultierende Rohharz in einem einfachen, in Kap. IV beschriebenen Harzdestillationsapparat mittels freien Feuers auf Kolophonium und Rohterpentin verarbeiten. Hierbei werden aber Temperaturen über 250° notwendig, wodurch eine Beeinträchtigung der Farbe des Kolophoniums in stark ausgesprochenem Maße stattfindet. Das so gewonnene Kolophonium und Terpentinöl gleicht der sog. Wiener-Neustädter Ware.

Statt der vorhin geschilderten Art der Extraktion, wobei direkt Rohharz resultiert, kann man auch wie folgt arbeiten: Statt aus dem Holzklein direkt das Rohharz mit Benzol zu extrahieren, treibt man mit direktem Dampf (oder Dampf und Vakuum) zuerst aus dem Holz das darin enthaltene Terpentinöl ab; wenn man beim Wechsel,

der vom Kühler in den Benzolbehälter führt, eine Abzweigung in ein
Florentinerfaß *D* (Abb. 56) führt, so daß das Gemisch Terpentinöl-Wasser,
wie es aus dem Kühler tritt, sich in Terpentinöl und Wasser darin
scheiden kann, so erhält man sofort ein schönes, marktgängiges Terpentinöl. Jedoch ist bei dieser Arbeitsart die Holzmasse etwas durch-
feuchtet und läßt sich bei der nun folgenden Extraktion durch Benzol
nicht so gut benetzen. Das nun resultierende Rohharz ist aber auch
nicht hart, da es noch immer die oxydierten Terpene und die Terpenalkohole enthält, und muß einer neuen Destillation entweder im
Vakuumapparat, wie oben geschildert, oder in der gewöhnlichen Blase
auf freiem Feuer unterworfen werden.

Man kann, um die Benetzbarkeit des Holzkleins durch Benzol
nach dem Abtreiben des Terpentinöls mit Dampf zu steigern, auch
durch Anschalten des Extraktors an die Vakuumleitung (Leitung **34**)
das Holzklein mittels Vakuum trocknen.

Hierzu ist nur, nach Entfernung des Terpentinöls, das Holzklein
mit der indirekten Dampfleitung (**1**) zu erwärmen und das Vakuum
anzuschließen. Auch kann man derart verfahren, daß man das im
Holzklein vorhandene Terpentinöl mit Dampf und Vakuum aus dem
Holzklein vor der Extraktion abdestilliert; hierzu muß die Vakuumleitung an der oben angedeuteten Stelle des Wechsels angeschlossen
werden (Leitung **34**), wo die Rohrleitung vom Kühler in das Benzol-
reservoir tritt (Dreiweghahn **14**); hierbei wird das Terpentinöl-Wasser-
gemisch dann im Empfangsgefäß der Vakuumanlage gesammelt. Auch
bei dieser Methode muß eine spätere Rektifikation des Rohharzes
stattfinden, trotzdem so doch ein Teil der Oxydationsprodukte der
Terpene aus dem Holzklein zusammen mit dem Terpentinöl entfernt wird.

Die Ökonomie der Extraktion ist, abgesehen vom Harzgehalt des
Rohmaterials und vom Lösungsmittelverluste, der technisch bereits
auf das minimalsıe herabgedrückt ist, eine Dampf- und Feuerungs-
frage. Infolgedessen müßten Rohrleitungen und Extrakteure gut isoliert sein. Man muß auf je 1 m³ Extraktorraum ca. 5 m² Dampfkessel-
heizfläche rechnen. Außerdem ist zu bemerken, daß das Raumgewicht
für 1 m³ aufgeschüttetes Schwarzföhrenholzklein ca. 300 bis 350 kg,
für 1 m³ Weißföhrenholzklein aber nicht mehr als 200 bis 260 kg beträgt. An Benzol sei mindestens das Dreifache des täglich aufge-
arbeiteten Holzgewichtes vorhanden und zwar pro Kubikmeter Extraktor mindestens 1200 kg.

Statt Benzol verwendet man auch Trichloräthylen; dies ist ganz
feuerungefährlich, hat aber das doppelte spezifische Gewicht wie

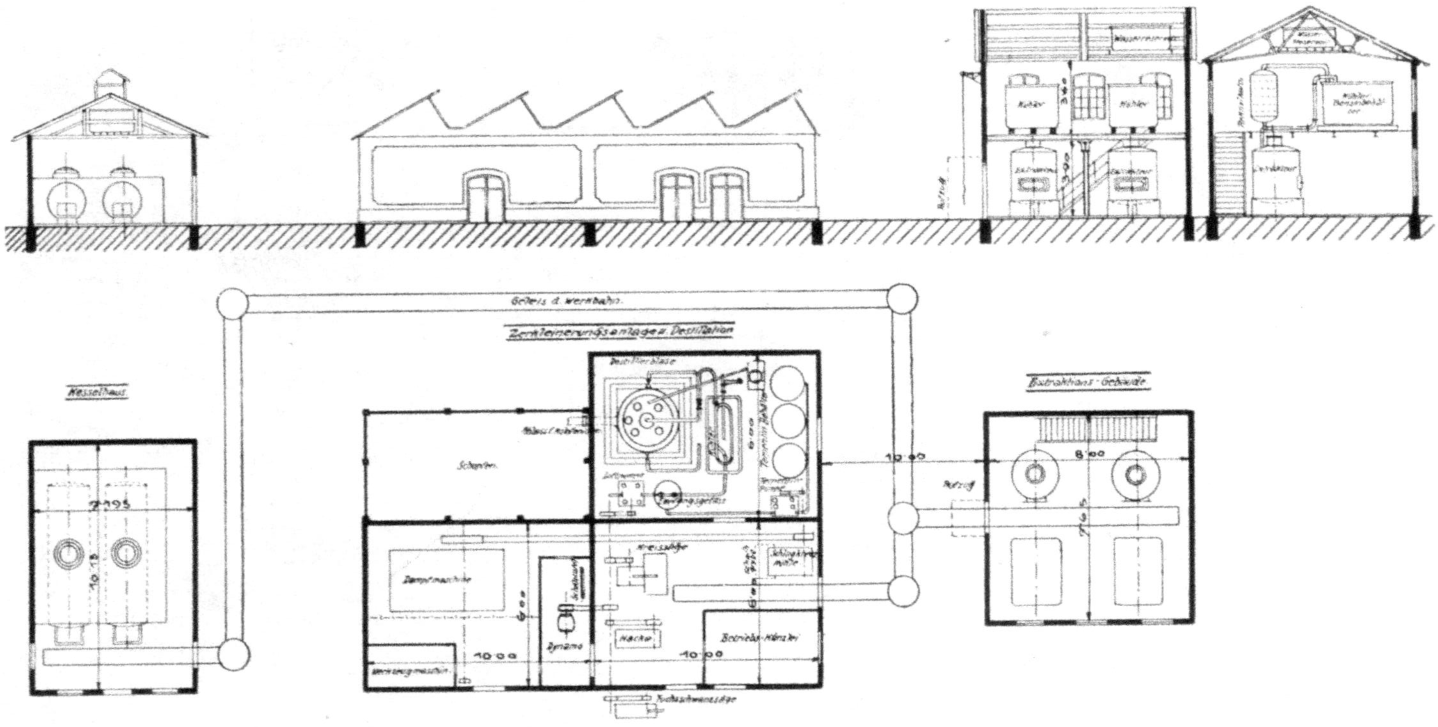

Abb. 58. Schematisches Projekt einer Harzextraktionsanlage zur täglichen Verarbeitung von 1 bis 1½ Waggons Stockholz, kombiniert mit einer Rohharzdestillieranlage. Für größere Waldgüter.

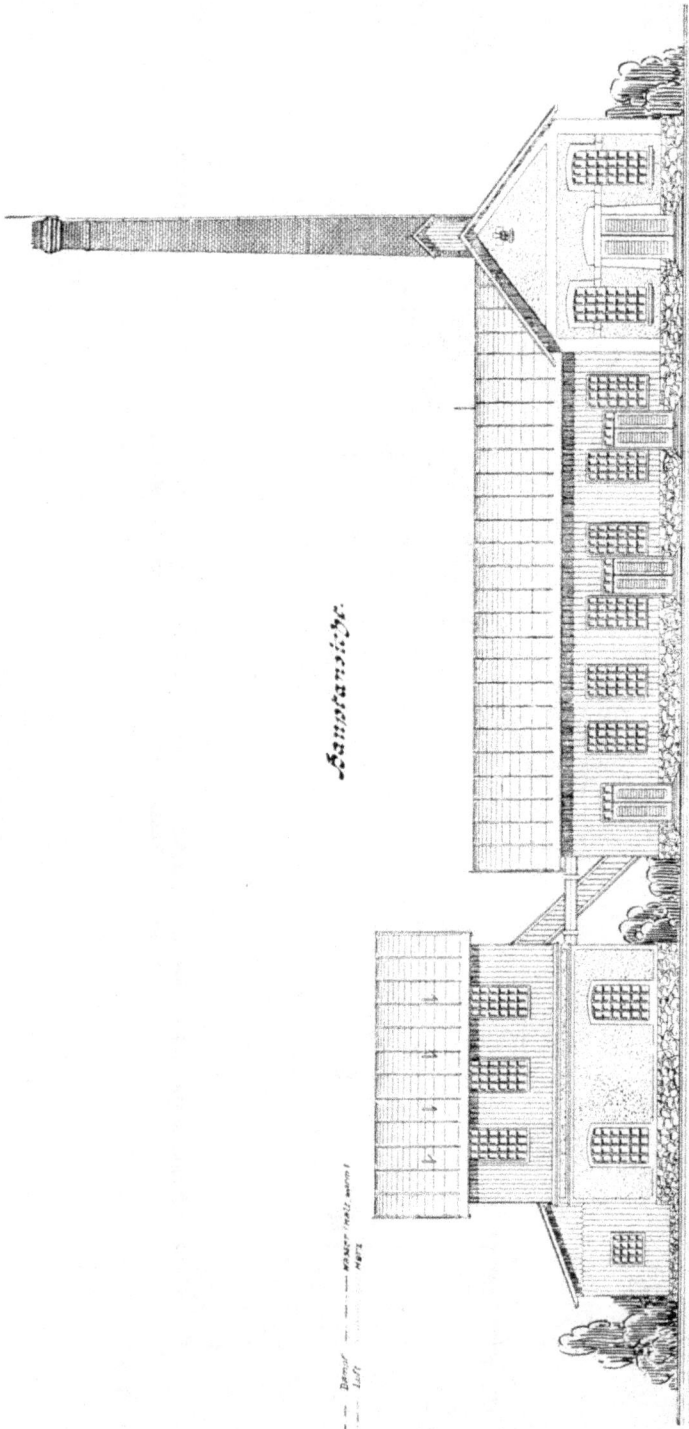

Hauptansicht.

Querschnitt.

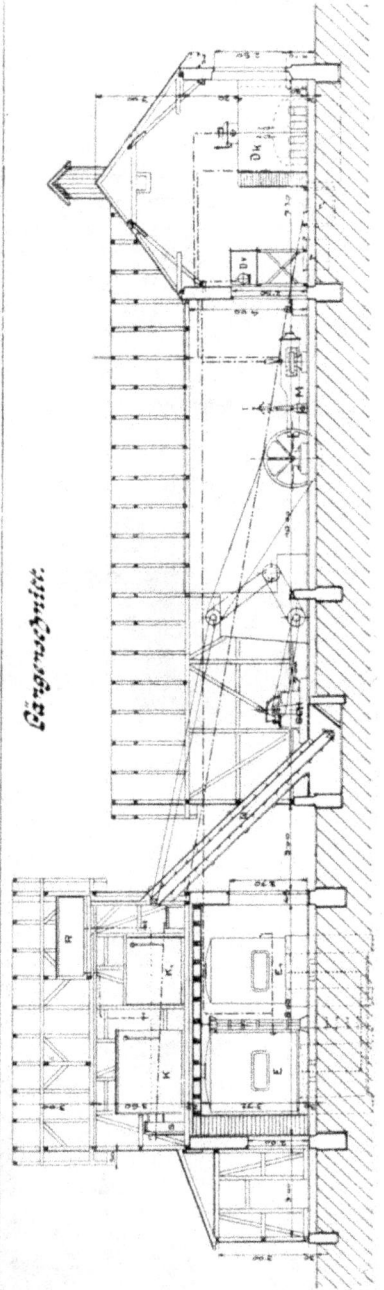

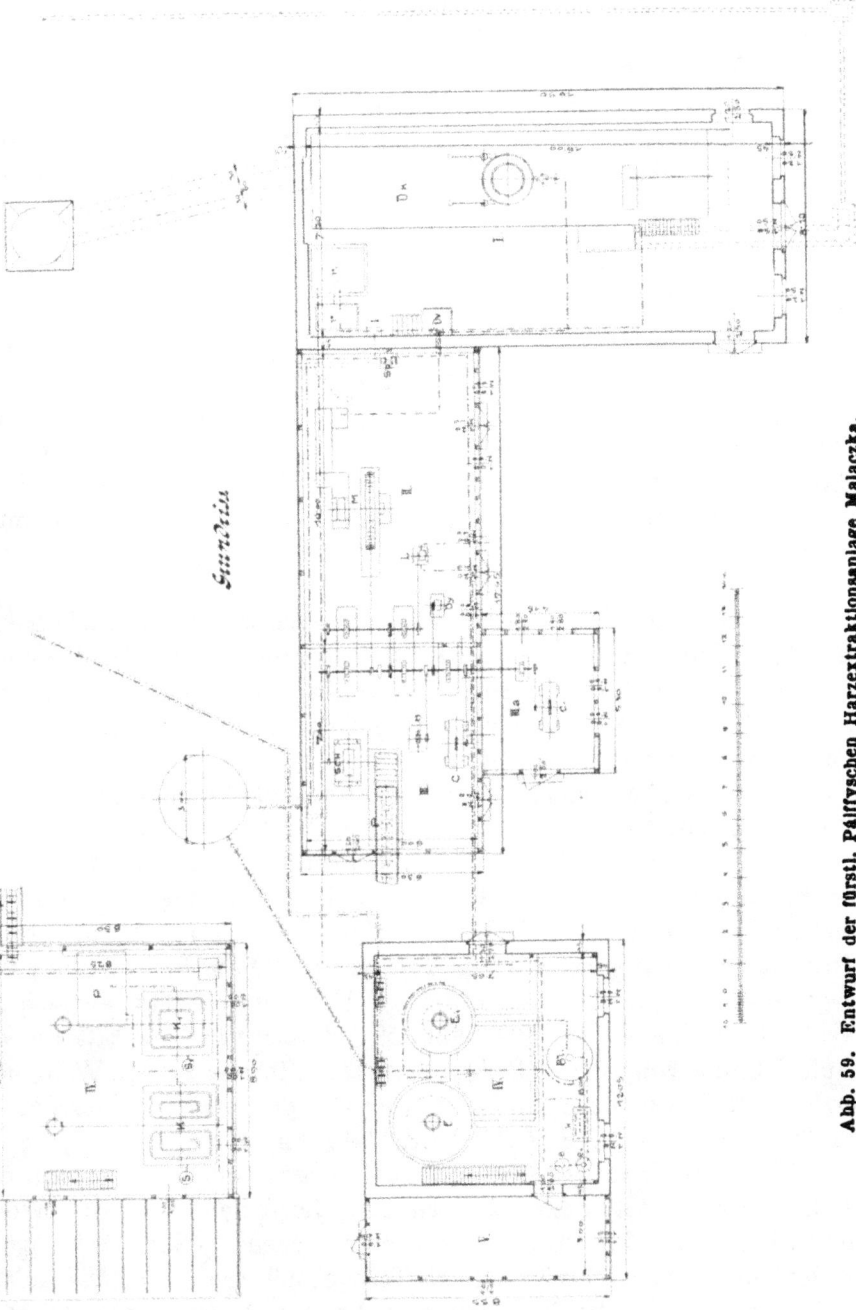

Abb. 59. Entwurf der fürstl. Pálffyschen Harzextraktionsanlage Malaczka.

Benzol und ist bedeutend teurer. Auch ist die Lösefähigkeit des Trichloräthylens für Harz geringer als die des Benzols.

Wenn die Anlage mit Benzol betrieben wird, und dies ist aus
obgenannten Gründen vorzuziehen, so ist der Bau aus feuerpolizei-
lichen Rücksichten derart aufzuführen, daß der Extraktionsraum
möglichst zumindest 10 m entfernt vom Zerkleinerungsraum und
vom Kesselhaus sei. Ein entsprechend abgelegener Benzolkeller ist
ebenfalls anzulegen.

Ferner ist auf das Herbeischaffen genügender Mengen von Wasser
besonders Bedacht zu nehmen; es ist an der höchsten Stelle des Extrak-
tionsgebäudes ein Wasserreservoir anzubringen, der einen Inhalt von
ungefähr zweimal des Volumens des oder der Kühler des Extraktors
hat. Behufs Wärmeökonomie ist sowohl das Wasser des Kühlers,
das sich bis zu 50° C erwärmt, wie auch das Kondenswasser der mit
direktem Dampf erfolgten Destillation in ein Sammelreservoir zu leiten,
von wo es zur Kesselspeisung herangezogen wird. Aus diesem Grunde
(warmes Speisewasser) ist auch die Kesselspeisung mit Pumpe vorzunehmen.

Ein besonderes Gewicht ist auch der Qualität des Benzols beizumessen. Gutes Extraktionsbenzol soll zwischen 80 bis 90° C sieden,
es soll ja keine hochsiedenden Bestandteile besitzen, da diese aus
dem Rohharz sehr schwer zu entfernen sind, und das ev. gewinn-
bare Rohterpineol verunreinigen.

Die Disposition einiger Harzextraktionsanlagen, die nach diesem
System errichtet wurden, wird in der Abb. 58 mitgeteilt.

Es befanden sich Ende 1916 in der österr.-ungar. Monarchie drei
solche Anlagen in Betrieb: 1. die von der österr.-ungar. Heeresverwaltung in Bosnien durch Umbau einer der austro-bosn. chem.
Industrie-Ges. gehörigen Anlage errichtete Fabrik in Busovaca
(vgl. Abb. 56); 2. die vom Fürsten Nikolaus Pálffy auf seinem
Waldgut in Malaczka (vgl. Abb. 59), Pozsonyer Komitat, für die
Aufarbeitung von Wurzelstöcken eines ca. 17000 ha großen Waldgutes
errichteten Harzanlage; 3. die von der Carpatia chem. Ind.-A.-G.
in Privigye, Neutr. Komitat, errichtete Anlage.

Diese drei Anlagen sind einander sehr ähnlich. Die bosnische
Anlage verarbeitet Schwarzföhrenholz, die beiden anderen Weiß-
föhrenholz. Die Leistungen wechseln zwischen 20 bis 35 Waggons
Kolophonium und 6 bis 7 Waggons Terpentinöl pro Jahr. Die Anlage
in Malaczka — die im Anschlusse an das dort schon bestehende
Sägewerk unter Benützung der ebenfalls schon erwähnten Waldbahn

ganz von neuem und speziell den Zwecken der Harzextraktion aus Weißkiefernholz entsprechend gebaut wurde — kann als Schulbeispiel derartiger Anlagen, sowohl was ihre Rohmaterialbeschaffung, wie auch was ihre Einrichtung betrifft, dienen.

Über den Harzgehalt des Koniferenwurzel- und Stockholzes im allgemeinen sind nur wenige Angaben in der Literatur vorhanden. Die diesbezüglichen Zahlen der einschlägigen amerikanischen Literatur wurden bereits in der »Einleitung« und im II. Kapitel mitgeteilt. Die diesbezüglich gemachten Erfahrungen ergaben im Großbetriebe bei dem Stockholz resp. Wurzelholz:

der Weißkiefer . .	$3/4$—$1 3/4$%	Terpentinöl,	4—7%	Kolophon.
der Schwarzföhre .	1—$2 1/4$%	»	8—13%	»
der Tanne	0,2—0,3%	»	1,5—2,1%	»
der Fichte	0,2—0,4%	»	1,7—2,2%	»

Der Harzgehalt des Stammholzes beträgt zirka die Hälfte, oft nur $1/3$ dieser Zahlen.

Wenn die Stockholzextraktion in Verbindung mit einer Harznutzung an lebenden Bäumen vorgenommen wird, so läßt sich das durch Anzapfen gewonnene Rohharz ohne weiteres in derselben Anlage verarbeiten wie das Stockholz, nur muß in diesem Falle die Destillationsapparatur etwas ausgiebiger gestaltet werden (vgl. Abb. 58).

Neuntes Kapitel.

Wurzelstockholz-Extraktion mit rotierenden Apparaten; Vergleich mit der Extraktion mit unbeweglichem Rohmaterial und beweglicher Extraktionsflüssigkeit. Terpentinöl und Kolophonium als Endprodukte der Extraktionsanlagen.

Wie schon im vorigen Kapitel bemerkt wurde, ist dieses Extraktionsverfahren, welche sich zwar in einigen Industrien, z. B. bei der Fettextraktion aus Fischmehl und bei der Extraktion von Kautschuk aus dem Guayulestrauch (Lianenkautschuk), scheinbar bewährt hat, für die Harzextraktion aus Wurzelstöcken gegenüber dem vorher beschriebenen Extraktionstypus etwas weniger günstig. Da jedoch eine vollständige Anlage dieser Art durch die Austro-bosn. chem. Industrie-Ges. in Visegrad, Bosnien, seinerzeit — allerdings für Sägespäneextraktion — zur Aufstellung gelangte (ohne daß sie überhaupt in Betrieb kam), soll etwas eingehender auf diese Arbeitsart eingegangen werden. — Die oben erwähnte Anlage mußte nach deren Renovierung umgebaut und mit einer Zerkleinerungsanlage ergänzt werden; auch mußte die Aufarbeitungsanlage für das von ihr erzeugte Produkt auf Kolophonium geändert werden, um betriebsfähig zu sein. Schließlich wurde die Erweiterung dieser Anlage nach dem Merzschen System vorgenommen.

Das Prinzip der Anlage besteht darin, daß das Holzklein, wie es von der Holzzerkleinerung (im gegebenen Falle die Holzraspelmaschine) kommt, mittels mechanischer Fördervorrichtungen in ein langes, zylindrisches, um die hohle Längsachse langsam rotierendes Gefäß (Abb. 60) kommt, in welchem es mit einem Harzlösungsmittel (im gegebenen Falle Trichloräthylen) unter Erwärmung zusammengebracht wird. Die Rotation soll den Zweck haben, ein inniges Durchmischen der beiden Produkte, Lösungsmittel und Extraktionsgut, zu bewerkstelligen. Es wird das $5\frac{1}{2}$- bis 6fache von dem Gewichte des zu extrahierenden Gutes an Lösungsmittel in Anwendung gebracht. Nach einer gewissen Rotationszeit wird mittels einer Pumpe die so gewonnene Lösung von Harz in Trichloräthylen weggepumpt und über ein Filter geleitet, wonach es in ein Sammelreservoir kommt. Aus diesem Reservoir wird nun die Lösung mit einer anderen Pumpe in eine Destillationsblase gebracht, das Lösungsmittel mit direktem

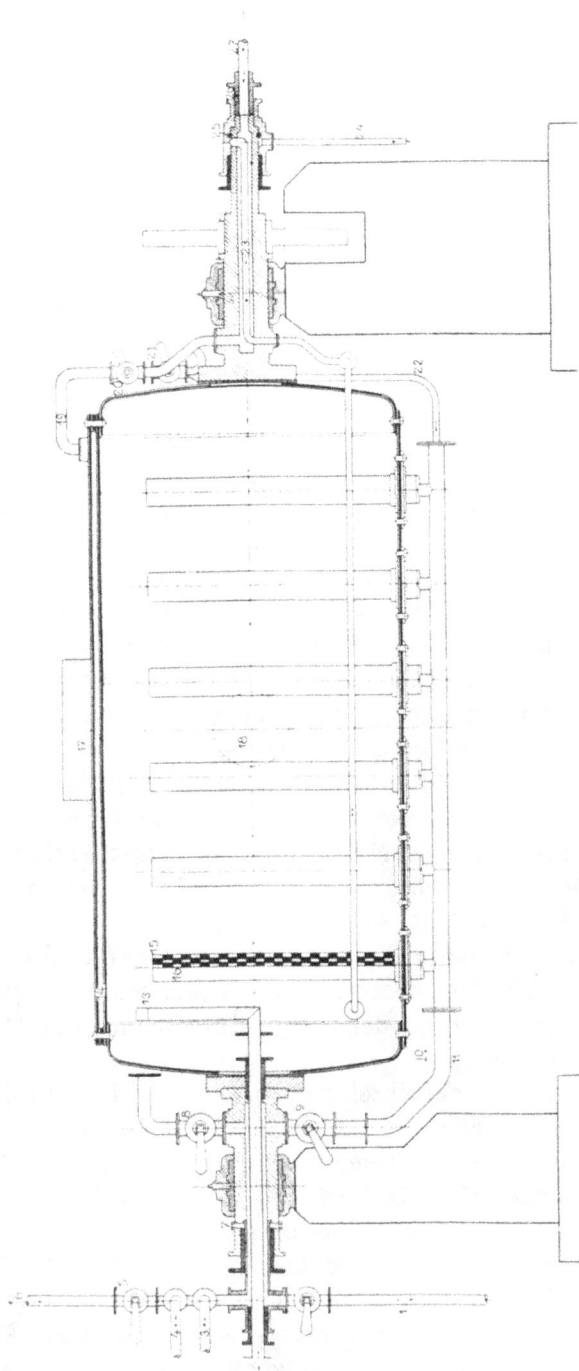

Abb. 60. Rotierender Extraktionsapparat für Wurzelstockholz.

Legende: 1 dicke Lösung, Absaugrohr zur Pumpe, zum Filter, zum Reservoir für dicke Lösung; von diesen mittels Pumpe in die Blase. — 2 zum Kühler. — 3 vom Reservoir der dünnen Lösung. — 4 Rein-Tri-Zufuhr. — 5 Schlammablaßventil. — 6 Schlammablaß vom Filter. — 7 Führungsring mit 2 Führungsschrauben. — 8 Schlammeinlaßventil vom Filter. — 9 Einlaßventil für Tri und dünne Lösung, Ablaßventil für dicke Lösung. — 10 dicke Lösung. — 11 Tri. — 12 Kondenswasser-Ableitungsöffnung. — 13 Absaugrohr für Dämpfe. — 14 Dampfheizmantel. — 15 Metallsiebfilter. — 16 eisernes Filterrohr. — 17 Gegengewicht. — 18 Öffnung für Füllen und Entleeren. — 19 Indirektes Dampfrohr. — 20 Einlaßventil für indirekten Dampf. — 21 Einlaßventil für direkten Dampf. — 22 direktes Dampfrohr. — 23 Kondenswasserableitung. — 24 Kondenswasserabfluß aus dem Mantel. — 25 Kugeln. — 26 Spurlagerkugeln mit Laufring. — Frischdampfeintritt.

Dampf abdestilliert und zum Schluß ein Teil des Terpentinöles mit
Dampf und Vakuum gewonnen. Der Rückstand bildet das Kolophonium. Dieses Produkt ist aber noch weit weniger hart als das im
Merzschen Apparat gewonnene Endprodukt nach der Vakuumdestillation und muß deshalb nochmals behufs Härtung nachdestilliert werden. Dies kann durch einen mit freiem Feuer beheizten gewöhnlichen
Destillationsapparat geschehen. Erst das so nachbehandelte Produkt
entspricht allen Anforderungen, ist aber von sehr dunkler Farbe.
Auch kann, wie in Kapitel VIII bemerkt, ein Einblasen resp. Durchsaugen von Luft oder ein anderes Oxydationsverfahren zur Nachhärtung führen. Eventuell kann das in der Vakuumblase gewonnene halb-
harte Produkt in 5 -bis 7 fachem Gewichte an 2 proz. Natronlauge gelöst
und aus dieser Lösung die noch vorhandenen oxydierten Terpene,
die die eigentliche Ursache des weichen Zustandes des Kolophoniums
sind, mit Dampf oder mit Dampf und Vakuum abgetrieben werden.
Die im Rückstand verbleibende wässerige Lösung von Kolophonium
in Natronlauge (abietinsaures Natron) kann mit unterchlorsaurem
Natron gebleicht und mit Natriumbisulfatlösung gefällt werden.

Im Detail wird dieses Extraktionsverfahren nicht so einfach, wie
oben beschrieben. Die Sägespäne oder das Holzklein werden nicht
nur ein einziges Mal, sondern zweimal ausgelaugt. Die von der ersten
Auslaugung resultierende Harzlösung heißt »dünne Lösung« und wird
dazu verwendet, frisches Holzklein oder Sägespäne auszulaugen; die
Lösung hat somit zwei Auslaugungen durchgemacht und wird »dicke«
Lösung« genannt, während das Holzklein, das einmal schon mit
»dünner Lösung« ausgelaugt wurde, ein zweites Mal noch mit frischem Lösungsmittel ausgelaugt wird. Sowohl die dünne Lösung
wie auch die dicke Lösung haben ihr eigenes Reservoir; das Reservoir
der dünnen Lösung und das Reservoir des Lösungsmittels stehen
mit dem Extraktor, das Reservoir der dicken Lösung mit dem Destillationsapparat in Verbindung.

Außerdem gehört zur Fabrikseinrichtung noch die Verlustverhütungsanlage. Da nämlich die letzte Phase des Abdampfens
des Lösungsmittels aus dem Harz mit Vakuum geschehen muß, so
kommen Lösungsmitteldämpfe unbedingt in den Auspuff der Vakuumpumpe und würden verloren gehen. Um diesen Verlust zu verhüten,
wird der Auspuff im Gegenstrom gegen herunterrieselndes Paraffinöl
geführt, welches aus der Auspuffluft die darin befindlichen Lösungs-
mittelmengen aufnimmt. Das so mit Lösungsmittel bereicherte Paraffinöl wird in einem Destillationskessel erhitzt, hierdurch von dem von

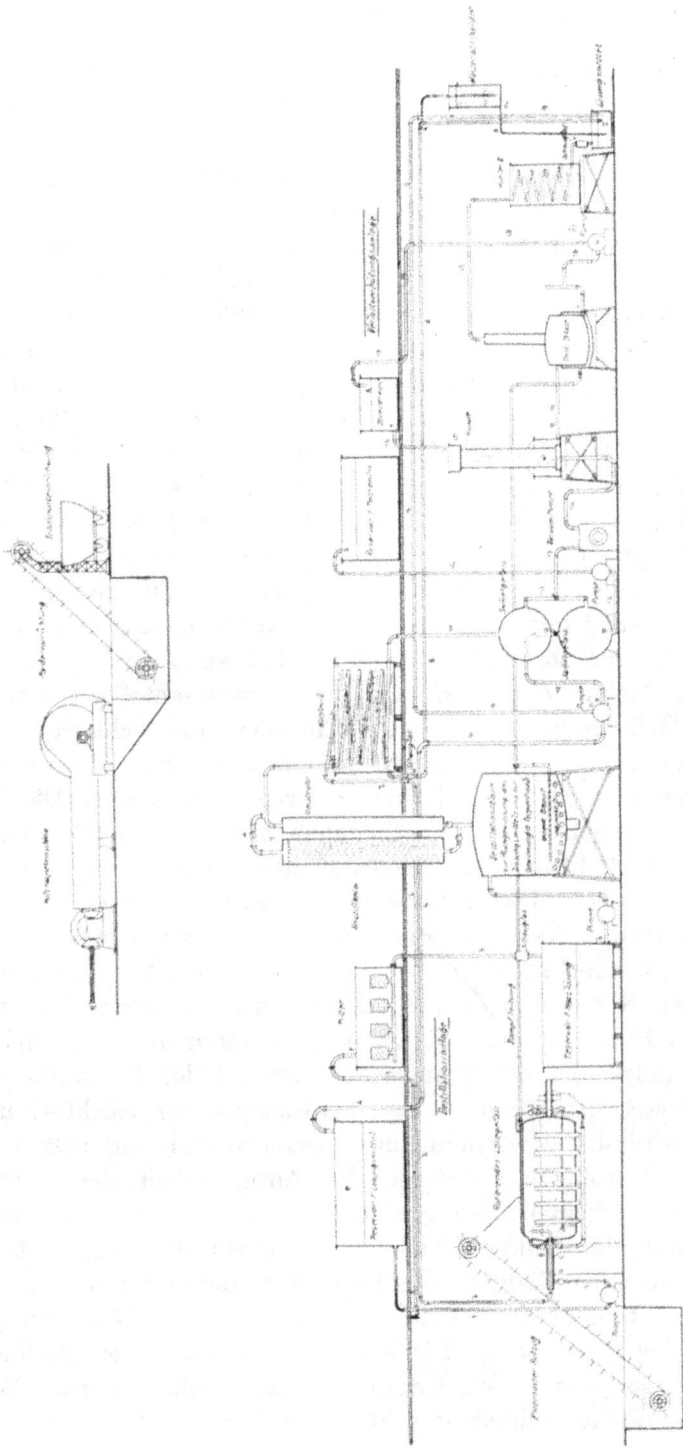

Abb. 61. Schema der Apparatur der Harzextraktionsanlage Visegrad.

ihm aufgenommenen Lösungsmittel, das durch einen Kühler geleitet und aufgefangen wird, befreit und kommt wieder in den Kreislauf zurück.

Die Abb. 61 zeigt schematisch den Gang der Extraktion in der Harz-anlage Visegrad nach diesem System. In der Holzraspelmaschine *A* wird das Stockholz, wie in Kapitel VII beschrieben, zerkleinert und kommt mittels Paternosterwerk und mittels des Förderbandes in Waggonetts, welche es bis zum Extraktionsgebäude führen; dort kommt es in eine Grube, aus welcher eine zweite Fördervorrichtung es bis über das Niveau des Extraktors bringt. Von dort aus wird der Extraktor *C* mit dem Holzklein gefüllt. Eine Charge beträgt ungefähr 1400 bis 1500 kg; der Extraktor von 10 m³ Volumen, vgl. Fig. 60, das »rotierende Lösegefäß«, faßt ungefähr 6,6 m³, da es nur bis zu ²/₃ gefüllt wird. Nun wird mittels der links vom Extraktor gezeichneten Pumpe durch die Rohrleitung *I* aus dem Trichloräthylenreservoir das Lösungsmittel in das Lösegefäß gepumpt und zwar beträgt die Menge ungefähr 8000 kg Lösungsmittel, so daß der Extraktor ungefähr mit 10 t beladen ist. Das Lösungsmittel soll das Niveau *n* nicht überschreiten. Durch die Hähne *D* und *E* wird der Dampfmantel des Extraktors und die Heizröhren *rr* nach dem Einfüllen und Schließen mit der Dampfleitung in Verbindung gesetzt, wodurch das rotierende Lösegefäß erwärmt wird; es wird auch in Drehung gebracht. Die Temperatur soll ziemlich unter dem Siedepunkt des Trichloräthylens, also gut unter 88° C bleiben, da ansonsten das Lösungsmittel verdampft; das Rohr nämlich, dessen Ende das Niveau *n* anzeigt, leitet durch die Rohrleitung *2* die Dämpfe in den Kühler *I*, wo es durch die Kühlrohrleitung *2* kondensiert, durch das Schauglas *n* tropfend durch die Rohrleitung *8* bei *Z* in das Trichloräthylensammelreservoir geleitet wird. Das Rohr mit dem Niveau *n* geht durch die hohle Achse des Lösungsgefäßes und bleibt aufrecht, während der Extraktor rotiert. Infolge dieser Disposition ist eine Erhitzung unter Rückfluß unmöglich und wird die Erwärmung des Lösungsmittels auf dessen Siedetemperatur verhindert, wodurch die Ausgiebigkeit der Extraktion leidet. Nach erfolgter Lösung wird die mit Harz angereicherte Flüssigkeit durch die Pumpe *1*, nach einer um 180° erfolgten Drehung des Apparates bei *B* durch die Hohlachse abgezogen und durch die Rohrleitung *1*, dem umgestellten Hahn *h* und die Rohrleitung *3* in das Filter bei *F* gebracht. Die Konstruktion des Filters ist identisch mit demjenigen, der im VI. Kapitel bei der Beschreibung der Wiener-Neustädter Fichtenrohharzextraktion (Allina & Co.), vgl. S. 103,

beschrieben wurde. Es sind auf eine Rohrleitung montierte Filterelemente, die mit entsprechendem Filtertuch überzogen sind. Durch
das Rohr 6 und das Schauglas 5 tropft nun die filtrierende Flüssigkeit (Lösung von Rohharz in Trichloräthylen) in das Sammelreservoir
für die Harzlösung. (Es ist in der Skizze nur ein Reservoir gezeichnet; in der Wirklichkeit sind es, wie erwähnt, zwei; eines für die
dicke, eines für die dünne Lösung.)

Im rotierenden Extraktor verbleibt noch, an dem Holzklein
haftend, eine größere Menge Lösungsmittel. Dieses wird nun dadurch
entfernt, daß das Holzklein mittels direktem Dampf, das durch die
Hohlachse bei E durch den Hahn D eingeführt wird, zur Ausdampfung
gelangt. Der mit Trichloräthylen gesättigte Wasserdampf verläßt das
Lösungsgefäß durch die Hohlachse bei B und geht durch das Rohr 2
in den Kühler I, wo beide Dämpfe zu Flüssigkeiten kondensiert werden.
Das Flüssigkeitsgemisch geht durch die Rohrleitung 8 und den Dreiweghahn h_1 in den Wasserabscheider, aus welchem bei T das spezifisch
schwerere (spez. Gew. 1,47) Trichloräthylen in das Sammelgefäß für
Lösungsmittel Z fließt, von wo aus es mit der Rohrleitung 9 und 4
und der entsprechenden Pumpe in das Hauptreservoir für das Lösungsmittel zurückbefördert wird. Hierdurch wird das im Holzklein zurückbleibende Lösungsmittel zurückgewonnen. Nach Abtreiben des Lösungsmittelrückstandes werden alle Hähne geschlossen und der Extraktor
von Holzklein durch die Falltüre nach einer halben Umdrehung entleert.

Das mit Rohharz beladene Trichloräthylen kommt nun aus dem
Reservoir für Harzlösung bei G mittels der Pumpe in die große Destillationsblase. Zuerst wird mit indirektem Dampf aus dieser Blase
das Trichloräthylen abgetrieben; hierzu wird aber, damit dieses Produkt nicht auch das Terpentinöl mit sich reiße, durch Schließung
des Hahnes I und Öffnung des Hahnes H der Rektifikator eingeschaltet.
Dieser, ein mit Ketten gefüllter Rückflußkühler, der mit einem äußeren
Wassermantel reguliert wird, wird auf einer solchen Temperatur gehalten, daß wohl das Trichloräthylen ihn dampfförmig durchstreift,
das hochsiedende Terpentinöl aber in die Blase zurücktropft. Ist
das ganze Trichloräthylen abgedampft und im Gefäß A gesammelt
resp. in das Reservoir zurückgepumpt, so wird der Rückflußkühler
ausgeschaltet, die Hähne H und K geschlossen, der Hahn I geöffnet
und das im Rohharz vorhandene Terpentinöl unter starkem Vakuum
abgedampft. Zur Destillation in der sehr groß gehaltenen Blase
gelangen die gesammelten »dicken Lösungen« von 4 bis 5 Ex-
traktionen.

Nach Abdampfen des Terpentinöls im Vakuum wird durch das Rohr, durch welches direkter Dampf eingeblasen werden kann, nun Luft durch die Masse durchgesogen; hierzu wird ein gewöhnlicher Hahn auf diese Dampfleitung montiert, der nunmehr nach Abdampfen alles Flüchtigen geöffnet wird, wobei die Pumpe weitergeht.

Um Verluste an Trichloräthylen zu vermeiden, welches noch im Terpentinöl vorhanden sein, durch die Vakuumpumpe angesogen und bei dessen Auspuff in Verlust geraten könnte, wurde die sog. Verlustverhütungsanlage aufgestellt.

Diese wird derart angeordnet, daß der Auspuff 14 der Vakuumpumpe in die Berieselungskolonne mündet, in welcher aus dem Paraffinölreservoir bei T und durch das Rohr 15 durch einen Siebboden Öl dem Auspuff entgegen herunterrieselt; das mit Trichloräthylen angereicherte Öl kommt bei U aus dem Berieselungsturm (es sind deren drei, hintereinander geschaltet, vorhanden, jedoch auf der Skizze nicht, nur im Fabrikplan Abb. 62, ersichtlich gemacht) und geht nach Passierung eines ebenfalls nicht in der Skizze eingetragenen Vorwärmers in die Destillationsblase, aus welcher durch das Rohr 17 die im Kühler II kondensierten Trichloräthylendämpfe entweichen. Das Öl in der Destillationsblase wird mittels der kommunizierenden Röhre V 18 auf gleichbleibendem Niveau gehalten; das Öl wird von der Pumpe W ständig langsam im Maße des Zufließens abgepumpt und zum Ölreservoir durch die Rohrleitung 19 gefördert. Das aus dem Kühler II kondensiert abtropfende Trichloräthylen geht durch das Schauglas I in das Lösungsmittelsammelgefäß Z und von dort durch die Rohrleitung 9 und die Pumpe 0 in das Hauptreservoir für die Lösungsmittel zurück, um wieder verwendet zu werden.

Es wird bemerkt, daß das Schauglas N ebenfalls an die Leitung 14 angeschlossen wird, so daß die aus dem Kühler I ev. unkondensiert entweichenden Lösungsmitteldämpfe zurückgehalten werden können.

Mit dieser Anlage wollte die Austro-bosn. chem. Industrie-Ges. vor dem Kriege die bei dem Sägewerk Visegrad abfallenden Sägespäne der bosnischen Schwarzkiefer auf Harz verarbeiten. Jedoch, wie bereits im Kapitel III mitgeteilt, enthalten derartige Sägespäne kaum 2% Harz; Sägespäne aus anderen Holzarten noch weniger. Ein Versuch, auch Stockholz nach amerikanischem Muster zu Extraktionszwecken heranzuziehen, wurde von obiger Firma ebenfalls gemacht, jedoch nicht technisch zur Ausführung gebracht. Die Anlage wurde durch die österr.-ungar. Heeresverwaltung mit einer Zerkleinerungsanlage ergänzt und zur Aufarbeitung von Wurzel- und

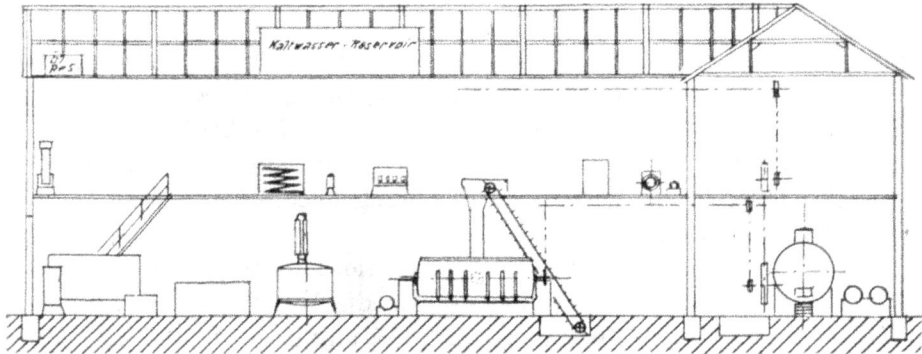

Querschnitt.

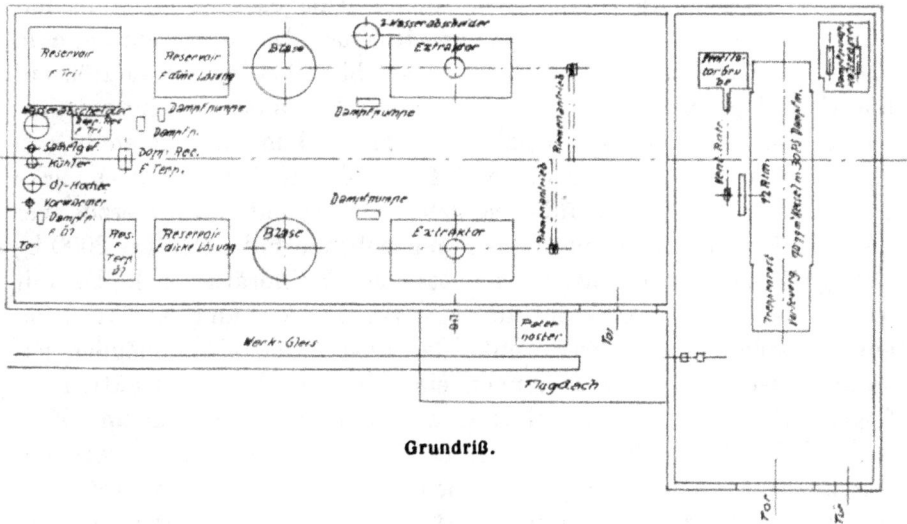

Grundriß.

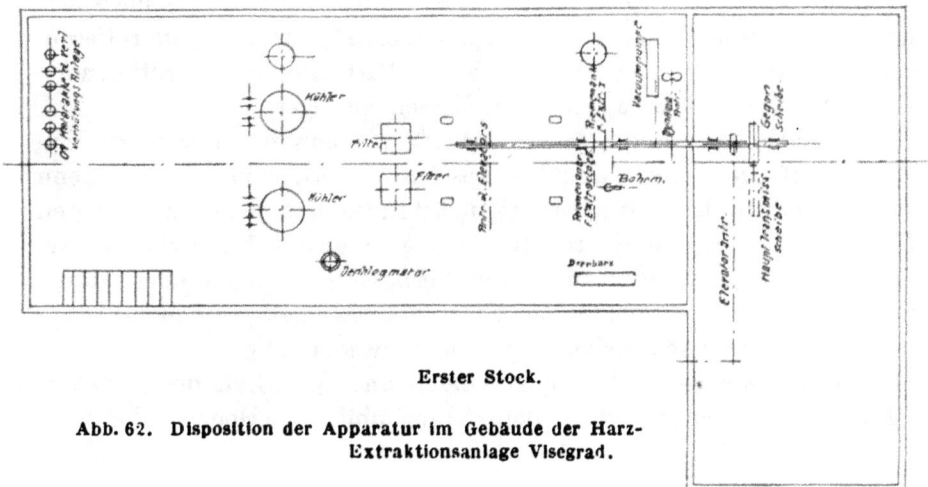

Erster Stock.

Abb. 62. Disposition der Apparatur im Gebäude der Harz-
Extraktionsanlage Visegrad.

Stockholz eingerichtet. Dadurch, daß auch die Harzextraktionsanlage in Busovaca dasselbe Rohmaterial verarbeitet wie die Anlage
in Visegrad, konnte ein Vergleich beider Typen durchgeführt werden.
Abb. 62 enthält eine allgemeine Skizze über die Disposition der
Anlage. Abb. 60 eine detaillierte Zeichnung über den rotierenden Extraktor nach Patent Otto Wilhelm.

Im Prinzip ist die rotierende Extraktionsanlage insofern ungünstiger, daß sie viel komplizierter ist als die Merzsche Extraktionsapparatur und weil zur Bedienung und Wartung ungefähr drei- bis viermal mehr Personal benötigt. Auch der Kraftbedarf ist viel größer;
infolgedessen sind die Anlage- und Amortisationskosten höher. Die Aus-
nützung des Apparatvolumens bei dieser Anlageart ist ebenfalls ungünstiger als bei dem Merzschen Extraktor. Bei letzterem kann in
einem 9 m³-Extraktionsapparat ca. 2800 bis 3000 kg Schwarzföhrenholzklein eingefüllt werden, und es genügt zur Extraktion die Inanspruch-
nahme von ca. 4000 kg = 6000 l Benzol; bei dem rotierenden 10 m³-
Extraktionsapparate kann nur die Hälfte obigen Rohmateriales, zirka
1400 bis 1500 kg, eingefüllt werden. Verbraucht wird hierzu aber
mehr als 5000 l Extraktionsmittel, im gegebenen Falle bis über 8000 kg
(infolge hohen spezifischen Gewichtes des Trichloräthylens). Da mit
dem rotierenden Extraktor infolge seiner Bauart und Konstruktion
ein Erhitzen bis zum Siedepunkt des Lösungsmittels unmöglich ist,
kann weder eine so rasche, noch eine so ausgiebige Extraktion erfolgen. Die Durchführung einer Charge dauert mit Füllen und Entleeren beim Merzschen Extraktor ca. 7 bis 8 Stunden, beim rotierenden Extraktor 10 bis 10½ Stunden, also 50% länger. Die Leistungsfähigkeit beim gleichen Volumen ist also um 50% geringer. Die im
ausgelaugten Holz beim Merzschen Extraktor zurückbleibende Harz-
menge beträgt aus obgenannten Gründen 0,75 % bis 0,9 %, im rotierenden Extraktor 0,9 bis 1,3%. Auch die Ausbeute, die im rotierenden
Extraktor erreicht wird, ist infolgedessen geringer.

Eine Verbesserung wäre zu erwarten, wenn der rotierende Extraktor auf einen Rückflußkühler geschaltet werden könnte und wenn
das Abtreiben des Lösungsmittelrückstandes aus dem ausgelaugten
Holzklein, das ¹/₃ der ganzen Betriebsdauer ausmacht, verkürzt werden könnte. Wenn aber auch diese Verbesserung angewendet würde,
wäre die Anlage des Merzschen Extraktors bei entsprechender Adap-
tierung für Stockholzauslaugungszwecke zweckmäßiger.

Im allgemeinen enthält das Wurzel- und Stockholz der Schwarzföhre je nach dem Standort, dem Klima und dem Boden 8 bis 13%

Kolophonium und $1\frac{1}{2}$ bis $2\frac{1}{2}\%$ Terpentinöl, wobei das Kolophonium gewöhnlich etwas weicher als amerikanisches Kolophonium ist. Das Wurzel- und Stockholz der Weißföhre enthält von $3\frac{1}{2}$ bis 7% Kolophonium und $1\frac{1}{4}$ bis $2\frac{1}{4}\%$ Terpentinöl. Jedoch ist die Weißföhre (Kiefer), die auf Sandboden wächst und deren Wurzelstöcke infolgedessen leicht gefördert werden können, für die Stockholzextraktionsindustrie mindestens ein ebenso in Betracht zu ziehendes Rohmaterial, wie die auf Steinböden in Berggegenden wachsende Schwarzföhre, deren schwere, umständliche Bringung die Werbungskosten der Gewichtseinheit des Holzes auf das Doppelte evtl. Mehrfache des Weißföhrenstockholzes steigert. Beide Rohmaterialien ergeben dasselbe Endprodukt, welches aber um so härter wird, je sorgfältiger die letzte Vakuumdestillation oder die Trockendestillation zur Ausführung gelangt.

Infolge der geringen Harzausbeute aus Sägespänen, was ja schon infolge des geringen Harzgehaltes des Schaftholzes der beiden Föhrensorten zu erwarten war, ist die Sägespäneextraktion auf Harz irrationell. Dasselbe trifft auch bei anderen Nadelholzarten zu, die ebenfalls, auch in den Wurzelstöcken, einen sehr geringen Harzgehalt besitzen (Tanne, Fichte).

Das in beiden letzten Kapiteln beschriebene Verfahren ergibt neben dem Kolophonium ein Terpentinöl, das sog. Stockholzterpentinöl oder Holzterpentinöl, das, durch Ausdampfen des Stockholzes mit Dampf (mit oder ohne Zuhilfenahme des Vakuums) gewonnen, mit dem gewöhnlichen Handelsterpentinöl nicht ganz identisch ist. Gegenüber dem Überwiegen von Pinen in dem gewöhnlichen Handelsterpentinöl sind im Holzterpentinöl höhersiedende Terpene, die Terpenalkohole und Oxyde in größerer Menge vorhanden. Das gewöhnlich in den beschriebenen Anlagen erzeugte Holzterpentinöl wird in zwei Fraktionen erzeugt: 1. Das Produkt, welches durch Abblasen des Holzkleines in Extraktionsapparaten gewonnen wird, entweder mit oder ohne Anwendung von Vakuum; dieses enthält verhältnismäßig bedeutend mehr Terpene, hat eine Dichte von ca. 0,858 bis 0,873, eine schöne weiße Farbe und einen angenehmen, süßlichen Geruch. 2. Das Produkt, das bei der Vakuumdestillation des Extraktionsproduktes gewonnen wird; dieses enthält zum großen Teil Terpenalkohole; es siedet zwischen 165 bis 240°, hat eine Dichte von ca. 0,909 bis 0,939 (hie und da auch mehr), einen etwas gelblichen Stich und einen etwas modrigen Geruch, der stark an Fenchylalkohol erinnert. Das erste Produkt, das dem amerikanischen »Wood Sprits of Turpentine« = leichtes Holzterpentinöl entspricht, kann als dem gewöhnichen Handelsterpentinöl gleichwertig bezeichnet werden; es enthält der Hauptsache nach: Pinen, Kamphen und Dipenten resp. Limonen, auch etwas Terpinen; ferner in den hochsiedenden Anteilen geringe Mengen an Terpineol und Fenchyl-alkohol. Vom gewöhnlichen Handelsterpentinöl (amerikanisches, fran-zösisches oder österreichisches) unterscheidet sich dieses Produkt nur dadurch, daß es etwas mehr über 165° siedende Anteile hat. — Das zweite Produkt, dem amerikanischen P i n e o i l (White oder yellow pine oil) entsprechend, enthält hauptsächlich Terpineol, fast $^2/_3$, etwas Fenchylalkohol, dann Cineol und Borneol, auch Spuren von Kamphen und Methylchavikol (vgl. G i l d e m e i s t e r u. H o f f m a n n, l. c. Bd. II, S. 104). Dieses Produkt kann eine industrielle Quelle von Natur-terpineol werden[1]), wenn es mit genügender Sorgfalt rektifiziert wird. Ein entsprechender Namen wäre hierzu: H o l z t e r p i n e o l. — Bei den Weißföhren ist das Verhältnis zwischen dem leichteren und dem schwereren Öle derart, daß mehr leichtes Öl erhalten wird; dieses ent-hält auch eine gewisse Menge Sylvestren.

Die Gewinnung des Holzterpentinöles ist eine in Amerika seit langem ausgeübte Industrie, die ihren Beginn vor zirka einem hal-ben Jahrhundert, in der Mitte der 60er Jahre des 19. Jahrhunderts, hatte. Man wandte zuerst die Methode an, das Holz in Harzbädern zu erwärmen und das ausschwitzende flüchtige Öl direkt oder mit Dampf abzublasen (vgl. J. E. T e e p l e, Journ. Soc. Chem. Ind. 26 (1907), S. 811). Dieses Verfahren wurde in den letzten Jahren wieder aufgefrischt (vgl. Amer. Pat. Nr. 746840 von K r u g), ergab schon bei der ersten Ausübungsperiode keine entsprechenden Resultate; man wandte sich dem Verfahren zu, das Kienholz mit überhitztem Dampf zu destillieren (H u l l, 1864); dies ist insofern prinzipiell unrichtig, als die durch Überhitzung des Dampfes zugeführte Wärmemenge ja nur dazu diente, die in sehr bedeutendem, bis zu 30- bis 40fachem Überschuß des flüchtigen Öles vorhandene Holzmenge zu erwärmen und zum Teil auch bei der nächsten Berührungsstelle mit dem ein-strömenden Dampf zu verkohlen. Die Verkohlungsprodukte gingen dann als färbende und verunreinigende Beimischungen mit dem flüchtigen Öl über. — Im selben Jahre kam aber auch das Verfahren von L e f f l e r auf, der das Holz mit gewöhnlichem Dampf destillierte. Dieses Verfahren, das technisch prinzipiell unanfechtbar ist, wurde auch in letzterer Zeit von K r u g aufgenommen und auch in Europa mit der Erzeugung von Extraktionskolophonium aus Stockholz, wie

---

[1]) Terpineol wurde bisher nur künstlich hergestellt.

in diesem Werke beschrieben, kombiniert. In Amerika wurde dann das ausgedämpfte, also entölte Harz trocken destilliert, um Holzteer und Holzkohle zu gewinnen (vgl. Gildemeister und Hoffmann, Die ätherischen Öle, Bd. II, S. 102 bis 103).

In Amerika bestanden im Jahre 1910 bereits.30 Holzterpentinöl-Destillationsanlagen, welche sowohl Wurzelholz wie auch Sägespäne verarbeiteten. Im Jahre 1911 berichtete über die Verwendung, Eigenschaften, Herstellung und Raffination dieses Produktes eingehend das Ackerbaudepartement der Vereinigten Staaten (vgl. Bull. Nr. 144 vom Jahre 1911 der U. S. Dept. of Agriculture, Bureau of Chemi-

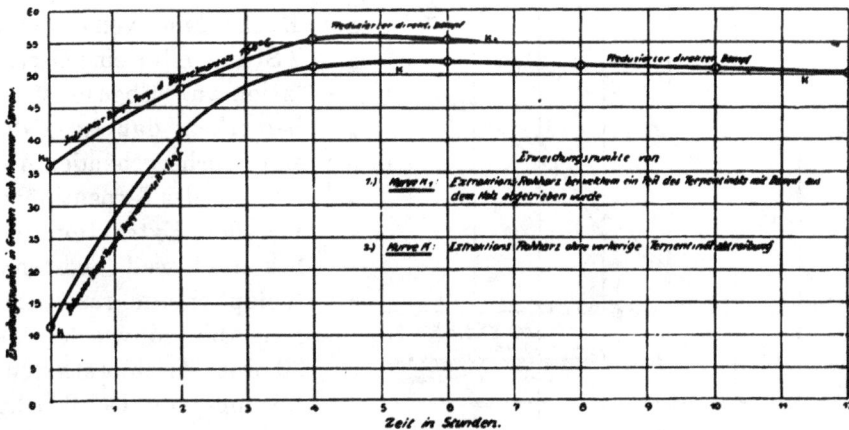

Abb. 63. Zusammenhang zwischen Erweichungspunkt des Kolophoniums und dessen Destillationsdauer.

stry). Im allgemeinen ist kein Spezialunterschied zwischen der Verwendung von Holzterpentinöl und gewöhnlichem Terpentinöl; bemerkt muß werden, daß in der Lackindustrie die höhersiedenden Anteile (Holzterpines) ihres hohen Terpineolgehaltes wegen als Lösungsmittel für harte Kopale energischer wirken als gewöhnliche Terpentinöle.

Das nach ʿAbtreiben der Rohprodukte nunmehr in der Blase zurückbleibende Kolophonium (dem auch etwas Fettsäure beigemischt sein soll, vgl. Schwalbe, l. c.) hat einen Erweichungspunkt von 52 bis 55° nach Krämer-Sarnow, gegenüber dem Erweichungspunkt von 60 bis 80° des amerikanischen Kolophoniums. Der Erweichungspunkt kann durch Einblasen von Luft oder durch Hindurchsaugen von Luft erhöht werden (vgl. Kap. VIII und IX), wobei infolge leicht eintretender Autoxydation der Abietinsäure[1]) ein Oxydationsprodukt

---

[1]) Fahrion, l. c.

entsteht, welches bekanntlich den Schmelzpunkt von 155⁰ C hat.[1]) Durch Entstehen dieses Oxydationsproduktes wird wohl die Härte erhöht, die Löslichkeit aber etwas herabgedrückt. Über das Verhalten des Extraktionskolophoniums bei der Destillation geben folgende zwei Abbildungen Aufschluß.

Aus den beiden Schaulinien der Abb. 63, ist auch zu ersehen, daß eine zu lange Destillationsdauer schon zu einer gewissen Zersetzung des Kolophoniums und so zur Abnahme des bereits erreichten Erweichungspunktes führt, was durch ein Maximum bei der Schaulinie ersichtlich ist. Die Tabelle zeigt also die Höchstdauer von ca. 6 bis 7 Stunden für eine Destillation an. Ebenso ist zu bemerken, daß im Falle eines vorhergehenden Abtreibens des Terpentinöles vor der Extraktion ein besseres weil härteres Kolophonium resultiert. Bei Abb. 64 wurde eine 20 proz. Trichloräthylen-Lösung von ca. 600 kg Rohharz, aus dem früher das Terpentinöl nicht abgetrieben wurde, zuerst ohne Vakuum bis zur Entfernung des Lösungsmittels, dann unter Vakuum wie bei Abb. 63

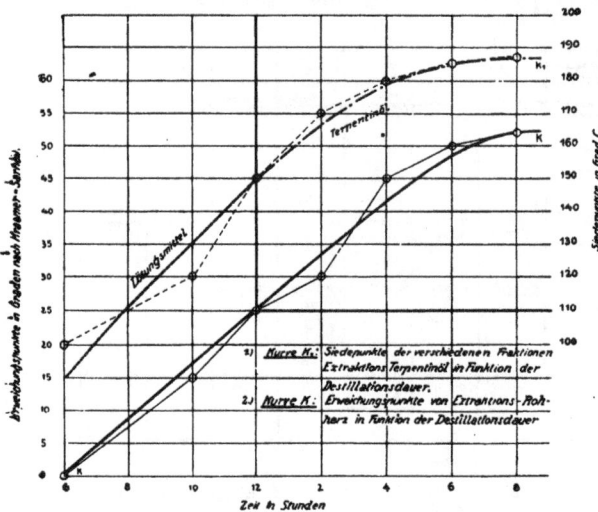

Abb. 64. Erweichungspunkte des Kolophoniums als Funktion der Destillationsdauer.

destilliert. Nehmen wir nur den II. Teil der Schaulinie I, nach der Linie A, B, d. h. nach dem Moment, wo nunmehr das Terpentinöl abdestilliert (dies konnte infolge einer vorzüglich wirkenden Rektifikation genau festgestellt werden), erhalten wir eine Schaulinie, die sich sehr schön mit der Schaulinie I der Abb. 63 deckt. Auch der Erweichungspunkt des so erzeugten Kolophoniums ist derselbe wie bei Abb. 63. Die Schaulinie II dieser Abb. bezieht sich auf die Siedetemperatur der abziehenden Produkte bei ca. 100 bis 105 cm Quecksilberdruck. Auch bei dieser Extraktionsart läßt sich das gewöhnliche Terpentinöl von seinem hochsiedenden Anteil, allerdings nicht so scharf als bei der vorhergehenden Dampfdestillation, trennen, und

---

[1]) Vgl. Dr. L. Paul, Farbenzeitung 1916, Dez., S. 211.

es resultieren auch hier zwei getrennte Arten Terpentinöle; jedoch ist das schwerere Terpentinöl, das »Holzterpineol«, bei dieser Holzart oft in geringerer Menge vorhanden.

Alles in allem sind die mit dem Extraktionsverfahren aus den Wurzelstöcken gewonnenen Harzprodukte gegenüber den durch Anzapfen der Bäume gewonnenen Produkten zumindest gleichwertig. Da die Extraktionsindustrie von Stockholz infolge Verwertbarkeit des Extraktionsrückstandes in der Papierfabrikation auch im Frieden rentabel ist, und da gegen das Anzapfen der Bäume der Forstmann meist etwas Befremden äußern wird, so dürfte wohl diese Industrie nach dem Kriege mit dazu berufen sein, die Unabhängigkeit unserer harzverbrauchenden Industrien von überseeischen Produkten zu fördern.

Es sei noch das Extraktionsverfahren erwähnt, das von Dr. C. Besenfelder in der Chem. Zeitung vom 17. November 1916 beschrieben wurde, und das darauf beruht, aus Kiefern-Schnittholz unter dessen gleichzeitigem Schnelltrocknen das Harz mit Lösungsmitteln auszuziehen. [1)   •

Zehntes Kapitel.

Verwertung des entharzten Holzkleins; Erzeugung von Zellstoff daraus; Verwertung des entharzten Holzkleins zur Spritgewinnung.

Wie bereits im Kapitel VII eingehend besprochen wurde, muß die Zerkleinerung des Stockholzes schon unter Berücksichtigung der späteren Verwendung ausgeführt werden. Die Verwendung der zerkleinerten Extraktionsrückstände erfolgt entweder zur Zellstofferzeugung (und weiter zur Papierfabrikation), in den Natronzellstofffabriken, oder nach Verzuckerung und Vergärung zur Holzspriterzeugung. Die Verarbeitung in Sulfitzellstoffanlagen wurde bisher wenig versucht.

Wie schon besprochen (vgl. Kap. VIII), darf dies Stockholz, das der Zellstoffabrikation zugeführt werden soll, nicht allzu fein zerkleinert werden. Die allzu sehr feine Zerkleinerung bringt gegenüber der kaum besseren und rascheren Extraktion folgende zwei Nachteile mit sich: 1. Kann das fein zerkleinerte Holzklein in den nach dem

---

[1) Verfahren der Masch.-Fabr. Benno Schilde in Herford.

Diffusionsverfahren (Syst. Ungerer) arbeitenden Natronzellstoffabriken nicht verarbeitet werden. In diesen Fabriken wird nämlich das Holzklein in einzelnen hohen Eisenkolonnen mit Natronlauge behandelt, so daß Natronlauge in einer Batterie im Gegenstrom zum Holzstoff geführt wird. Die Natronlauge wird durch eine solche Batterie zwangläufig geleitet, d. h. gepumpt. Werden nun die einzelnen Diffusionsapparate mit sehr fein zerteiltem Holzstoff gefüllt, so bilden sie bei der Zirkulation der verwendeten Lauge einen viel zu großen Widerstand; da außerdem noch die Masse etwas quillt, so wird es in kurzer Zeit zur Unmöglichkeit, die Natronlauge durch die Diffusionszellen zu pumpen. Dem kann nur dadurch abgeholfen werden, daß nicht zu fein zerkleinertes Holzklein in solchen Anlagen zur Verwendung gelangt. Der fein zerkleinerte Extraktionsrückstand kann aber wohl in rotierenden Apparaten, den sog. Papierkochern, wie sie zur Strohzellstofferzeugung dienen, mit Natronlauge aufgeschlossen werden, kann jedoch, und das ist der zweite Nachteil, nie zu etwas anderem als zu einer gewöhnlichen Pappe aufgearbeitet werden, da die Faserlänge des Zellstoffs, von welcher ja die Rißfestigkeit des Papieres abhängt, bei der sehr feinen Zerkleinerung äußerst gering ist.

Wird aber das Stockholz nicht zu stark zerkleinert, immerhin aber so weit, daß nach drei- bis viermaligem Lösungsmitteldurchgang nur mehr ein Harzgehalt von 0,6 bis 0,9% noch im Produkt verbleibt, was bei einer Spanlänge von 18 bis 25 mm und 1½ bis 3 mm Spandicke der Fall ist (Roststabentfernung bei dem Rost der Schlagkreuzmühle hierzu ca. 12 mm), so kann es unbedenklich als entsprechend günstiges Rohmaterial für die nach beiden obgenannten Typen arbeitenden Natronzellstoff-Fabriksanlagen dienen, wobei bemerkt werden muß, daß infolge des geringen Harzgehaltes gegenüber Fichtenholz z. B. (dieses hat ca. 1 bis 1¼% Harz) der Verbrauch an Alkalien etwas geringer sein wird.

Außerdem entfallen die nicht unbedeutenden Kosten der Zerkleinerung, welche sonst die Zellstoffabrik bei Verwendung eines anderen Rohmaterials tragen muß, und hat man den Vorteil einer mechanischen Fördermöglichkeit des Rohstoffes in der Fabrik.

Die Erzeugung von Natronzellstoff aus den Extraktionsrückständen erfolgt ungefähr in folgender Art:

1. Bei den nach dem Ungererschen Verfahren arbeitenden Anlagen: Das Holz wird in hohe stehende Eisenbottiche gefüllt, in welche der Reihe nach, unter Erhitzung mit Dampf, unter Druck Natronlauge von bestimmter Konzentration eingepumpt wird. Die Natronlauge

passiert nacheinander jeden Eisenbottich und löst alle Stoffe aus dem
Holzklein, bis auf die Zellulose, heraus; so beladen mit Lignin und
anderen Inkrustationsstoffen usw. kommt die Lauge in den Dampfkessel,
wo ein Teil des Lösungswassers verdampft wird; der so erzeugte Dampf
dient als Heizmittel für die Holzstoffbottiche; die konzentrierte Lauge
wird aus dem Kessel in einen Flammenofen gefördert, wo sie noch
weiter eingedampft wird, so daß die ligninartigen Stoffe verkohlen
und auch verbrennen; zugleich wird Natriumsulfat zugesetzt, dessen
Alkaligehalt als Ersatz für das während des Prozesses verlorene Alkali
gilt, und der durch den Kohlenstoff des Lignins zu Sulfid reduziert
und an einer weiteren Stelle des Flammenofens mit der Verbren-
nungskohlensäure zu Karbonat umgesetzt wird. Dieses Produkt kommt
am Ende des Flammenofens in geschmolzenem Zustande heraus und
wird nach Abkühlung in Lösung gebracht und mit Ätzkalk versetzt,
wodurch es zu frischer Natronlauge umgesetzt wird. Diese wird wieder
in entsprechender Konzentration in den Prozeß eingeleitet. Das in
den Eisenbottichen zurückbleibende Holzklein ist nunmehr in Zellstoff
übergeführt und wird mittels mechanischer Fördervorrichtung aus den
Bottichen gebracht und im Gegenstrom mit ausgiebigen Mengen Wassers gewaschen; die Waschwässer dienen zum großen Teil wieder zum
Auflösen von Natronlauge resp. Natronkarbonat vor dem Kalkzusatz.

Mit dem letzten Waschwasser kommt nun die kalte Zellstoff-
aufschlemmung auf eine entsprechende Maschine, mittels welcher das
in der Aufschlemmung befindliche Wasser weggebracht und der Zellstoff als große, breite, verfilzte, nasse Schicht erzeugt wird, welche
Schicht noch Quetschwalzen zum Entfernen des überschüssigen Wassers
passiert. Der Zellstoff wird nach Tunlichkeit vom allzu großen Wasser-
überschuß befreit und endlich als feuchte Ware in Rollen in den
Lagerraum geschafft.

2. Wird ganz kurzfaseriges Material verarbeitet, so geschieht es
im sog. Papierkocher; dessen Arbeitsweise ist derart, daß man in
großen kugelförmigen, rotierenden Gefäßen das Holzklein unter Druck
mit Natronlauge aufkocht, die alkalische Lösung vom Zellstoffrückstand
befreit und sie ebenso in Flammöfen aufarbeitet, wie oben beschrieben;
der Zellstoff wird nun nochmals aufgeschlemmt, mit Chlorprodukten
gebleicht und nach entsprechender Waschung ebenso in dieselbe Form
und denselben Zustand gebracht, wie dies beim Ungererschen Verfahren beschrieben wurde. Der Nachteil dieser Methode ist, bei einem
größeren Verbrauch an Alkali und Heizstoffen, auch, daß die Ware
stark gebleicht werden muß, was beim erstbeschriebenen Verfahren

um so weniger der Fall ist, als das Holzklein beim Aufschließen und
Waschen zuletzt nur mit entsprechend reiner Lauge resp. Waschwasser
in Berührung kommt.

Das bei den Stockholzextraktionsanlagen abfallende Holzklein ist
ein vorzügliches Rohmaterial für die Zellstoffindustrie und im weiteren auch für die Papierindustrie. Diese Industrien verbrauchen,
speziell für das Natronverfahren, nach Tunlichkeit harzarmes Holz
und verwendeten bisher fast ausschließlich Fichten und Tannen,
gerade wegen deren geringerem Harzgehalt. Da nun bei dem von den
Stockholzextraktionsanlagen abfallenden Holzklein der Harzgehalt
nur Bruchteile von 1% enthält (0,7 bis 0,9%), so wird durch das
Heranziehen dieses Produktes zur Papierfabrikation nunmehr ein
Teil der Kiefer für die Zwecke dieser Industrie nutzbar gemacht.
Durch den geringen Harzgehalt dieses Rohmaterials wird es möglich, mit einem geringen Natronlaugegehalt auszukommen; auch entfällt bei dessen Verwendung die Zerkleinerung des Holzes in der
Zellstoffabrik; bekanntlich ist der Kraftaufwand dieser Operation einer
der bedeutendsten Kraftverbrauchquotienten der Zellstoffabriken. Ein
nicht zu vernachlässigender Vorteil dieses Rohmaterials ist die ent-
sprechendere Transportfähigkeit als Schüttgut, ferner die geringeren
Arbeitskosten bei dessen Manipulation in der Zellstoffabrik, denn die
Ware, die ja zerkleinert ankommt, kann von mechanischen Fördervorrichtungen im Fabrikbereiche selbst zu den Apparaten transpor-
tiert werden. Bei entsprechender Faserlänge, und darauf kann man
ja schon bei der Zerkleinerung des Holzes in der Extraktionsanlage
hinarbeiten, eignet sich der Stockholzrückstand zur Aufarbeitung auf
eine Zellulose, die für die verschiedensten Zwecke zur Verwendung
gelangen kann, sogar zum Teil als Beimischung für Spinnpapiere,
die bekanntlich die größte Rißfestigkeit aufzuweisen haben. Ein aus,
mit dem ausgelaugten Stockholzklein erzeugten Natronzellstoff her-
gestelltes ungebleichtes Papier wies eine Rißfestigkeit von 5000 m auf.

Dr. C. G. Schwalbe, Eberswalde, veröffentlichte, ohne Details
(Chem. Ztg. 1917, S. 258, — Ztschr. f. Forst- u. Jagdwesen 1915,
S. 93—108), ein Verfahren, wonach Wurzelstockholzklein vor der
Extraktion direkt mit Natronlauge gargekocht wird, wobei gegen
Ende der Kochperiode das Terpentinöl mit Dampf abgeblasen und
aus der Lauge das darin gelöste Harz abgeschieden werden kann.
Hierbei würde der Zellstoff ebenfalls verwendungsfähig zurückbleiben.

Hierzu wäre zu bemerken, daß, falls das Problem der Abschei-
dung des Harzes aus der alkalischen Lösung auch im Großbetriebe

wirtschaftlich gelingt, wozu einstweilen die Belege fehlen, auch dieses Verfahren mit zur Verwertung der Wurzelstöcke unserer Kiefernwaldungen herangezogen werden kann.

Auf lufttrockenes, ausgelaugtes Holzklein bezogen, ergaben sich bei den in der Zellstoffabrik in Stuppach bei Gloggnitz, N.-Ö., ausgeführten Großversuchen Ausbeuten von 22 bis 25% lufttrockenen Zellstoffes. (Das dortselbst für Natronzellstoff verwendete Fichtenholz ergab eine um ca. $\frac{1}{4}$ größere Ausbeute: 32 bis 34%.) Bei etwas weniger intensivem Kochen könnte die Ausbeute an Zellstoff noch etwas gesteigert werden. Die in der Stockholzextraktionsfabrik in Malaczka (Ungarn) täglich abfallenden ca. $\frac{2}{3}$ bis 1 Waggon Extraktionsrückstände von Weißföhrenstockholz werden einer österreichischen Papierfabrik regelmäßig behufs Aufarbeitung auf Zellstoff zugeführt und erzielt die Extraktionsanlage dafür einen Preis, der bedeutend höher ist als der Einstandspreis des Stockholzes bei der Fabrik selbst. Ganz kurzfaseriges, fein zerkleinertes Holzklein kann ebenfalls auf Zellstoff aufgearbeitet werden und zwar, wie oben bemerkt, im Papierkocher. Der daraus erzeugte Zellstoff kann aber nur zur Pappeerzeugung verwendet werden.

Der gebäuchte und gebleichte Zellstoff kann auch der Erzeugung von Sprengstoff (Nitrozellulose) zugeführt werden; hierbei ist es nicht mehr notwendig, auf die Faserlänge Bedacht zu nehmen, so daß auch ganz kurzfaseriges Stockholzklein zur Erzeugung von solchem Zellstoff herangezogen werden kann, der zu Nitrierzwecken dienen soll. Jedoch ist zu bemerken, daß infolge des großen Volumens, das diese Zellstoffsorten im wattierten Zustand gegenüber den anderen Zellstoffsorten einnehmen, mit einem Mehrverbrauch an Säuren bei der Nitrierung gerechnet werden muß.

Ganz verfehlt wäre es, das ausgelaugte Holzklein zur Feuerung der Extraktionsanlagenkessel zu verwenden. Bei richtiger Führung der Extraktionsanlage (Rückleitung des Kühlwassers im Kesselhaus usw.) braucht diese ungefähr $\frac{1}{2}$ bis $\frac{2}{3}$ des verarbeiteten Stockholzgewichtes an Steinkohle zur Beheizung. Da die normale Steinkohle durchschnittlich 6000 bis 7000 Kal., das Holzklein aber nur ca. 1900 bis 2000 Kal. Brennwert hat, so wäre ja zum Beheizen der Anlage zweimal soviel Holzklein notwendig, als überhaupt aufgearbeitet wird; jedenfalls müßte $\frac{1}{3}$ der verarbeiteten Holzkleinmenge an Steinkohle noch immer herangeführt und verbraucht werden. Auf dieser Grundlage läßt sich auch der kommerzielle Wert des ausgelaugten Stockholzes bestimmen. Es ist immer um sovielmal weniger wert als die billigste

von der Extraktionsanlage beschaffbare Heizkohle, um wievielmal ihr
Heizwert in Kalorien ausgedrückt geringer ist als der der Kohle.

Unter normalen Umständen steht das Verhältnis 1 : 3 zugunsten
der Kohle. Nur wenn das Holzklein unter diesem Werte zu verwerten
wäre, lohnt es sich, es in der Anlage selbst zu verheizen.

Auch eine andere Verwendungsmöglichkeit des ausgelaugten
Holzkleins kann ins Auge gefaßt werden: Die Aufarbeitung auf
Sprit nach entsprechender Verzuckerung und Vergärung. Die Umwandlung von Zellulose in Zucker wurde zuerst im Jahre 1819 von
Braconnot beobachtet. Der Vorgang wurde dann ziemlich genau
von Flechsig im Jahre 1883 studiert und von Hörnig und Schubert
(Monatsh. f. Chemie, VII, S. 429) genauer untersucht. Die ersten
kombinierten Versuche zur Umwandlung von Holzklein in Sprit, bei
der Herstellung eines Kohlehydrates aus Holzklein als Zwischenstufe
wurden von Sörensen in Christiania in den Jahren 1898 und 1899
gemacht. (Vgl. Ztschr. f. angew. Chem. 1898, S. 195 u. 219.) Er ver-
zuckerte Sulfatzellstoff, dann Nadelholzsägespäne mit Säuren verschiedener Konzentration unter verschiedenem Druck und vergährte
das Gährungsprodukt nach dessen Neutralisation. Er erhielt bis zu
6 l Reinsprit aus 100 kg Holzklein. Er errichtete auch in Christiania
eine Versuchsfabrik mit der Firma Brache-Wieg. (Vgl. Ztschr. f.
angew. Chem. 1898, S. 962 u. 1007.) In diesem Betriebe erhielt er aus
100 kg lufttrockenen Sägespänen 7,2 l Reinsprit. Ein ähnliches Verfahren wurde auf Laubholzklein im Jahre 1899 durch Professor Claßen
in Aachen ausgearbeitet (vgl. DRP. Nr. 111 868, DRP. Nr. 111 540 bis
111 541) und kam vor ungefähr einem Jahrzehnt bei der »Société
de Distillerie de l'Ardèche« in Frankreich zur praktischen Durchführung. Als Verzuckerungssäure wurde schweflige Säure verwendet.
Ungefähr 6 bis 7 Jahre später wurden ähnliche Verfahren auch
in Amerika und Schweden für Sägespäneverwertung der Nadelhölzer eingeführt, und von Ingenieur v. Demuth in der Zeitschrift
f. angew. Chemie (1914), sowie von Dr. Kiby in der »Chemnitzer
Zeitung« (1915/16) ziemlich eingehend beschrieben und gewürdigt.
Das Verfahren besteht im Prinzip darin, daß das Holzklein resp. die
darin befindliche Zellulose mit entsprechenden Säuren verzuckert und
entsprechend mit, für das betreffende Milieu gezüchteten Hefen auf
Äthylalkohol vergoren wird, welches Produkt dann wie gewöhnlich
durch Destillation auf die handelsübliche Qualität gebracht wird.
Eine durchschnittliche Ausbeute von ungefähr 9 bis 11 l Feinsprit
pro 100 kg Holzklein wurde bereits im Großbetrieb erreicht. Die einzige

in Amerika nach diesen Verfahren arbeitende Fabrik, die wirklich im Großbetriebe Äthylalkohol aus Holz erzeugt, wurde im Jahre 1912 von Dr. Foth im Auftrag des Vereins der Spritfabrikanten Deutschlands besucht. Er fand aber dort das Verfahren nicht auf einer Stufe großer technischer Vollkommenheit. Vgl. Chem. Ztg. 1913, S. 1221; 1917, S. 276.

Bei dem bisher derart verarbeiteten Nadelholz wirkte die im Holz befindliche geringe Menge Harz etwas störend sowohl auf die Verzuckerung wie auch auf die Vergärung. Dadurch, daß der Extraktionsrückstand nur ganz geringe Mengen an Harz aufweist, liegt seine diesbezügliche Verwendung um so näher, als dann ein Teil der bisher beobachteten Nachteile wegfallen dürfte.

Zum rationellen Betriebe einer solchen Holzverzuckerung müßten wahrscheinlich ganz große Mengen Stockholz täglich angeliefert werden und zwar schätzungsweise 3 bis 4 Waggons. Es wäre in diesem Falle nicht unmöglich, daß die gemeinsame Errichtung einer Wurzelstockholzextraktionsanlage zusammen mit einer Holzspritfabrik zweckentsprechend wäre, hauptsächlich wenn sich die in Amerika öfters aufgestellten Behauptungen, daß die Destillationsmaische dieser Fabriken sich für die Verfütterung von Vieh eignet, bewahrheiten würde.

Die Verwertung des entharzten Stockholzes läßt sich wahrscheinlich auch durch dessen Verarbeitung in Sulfitzellulosefabriken auf Papierstoff durchführen. Auch bemühte sich in den Kriegsjahren der »Deutsche Kriegsausschuß für Ersatzfutter« damit, Fabrikationsverfahren einzuführen, die die Verarbeitung von Holz auf Sprit ermöglichen.

Elftes Kapitel.

Die Verwertung des Wurzel- und Stockholzes durch Verkohlung. Kienholzdestillation. Erzeugung von Kienholzteer und Kienöl. Rektifikation von Kienöl.

In den bisherigen Kapiteln VII bis X wurde die rationelle, bisher in Europa wenig oder gar nicht ausgeführte Verarbeitung und Verwertung von Wurzel- und Stockholz beschrieben, aber die früher existierende Wurzel- und Stockholzverwertungsindustrie, die ganz andere, viel primitivere Wege einschlägt, wurde nicht berücksichtigt. Diese jetzt noch allgemein übliche Wurzel- und Stockholzindustrie, die sog.

Stockholz- öder Kienholzdestillation, ist aber eine, in Mitteleuropa, speziell in der, nördlich der Karpathen bis zur Ostsee sich
ausbreitenden großen sarmatischen Ebene, infolge deren Waldreich-
tums äußerst intensiv betriebene Kleinindustrie, die eine nicht geringe
volkswirtschaftliche Bedeutung erlangt hat. Diese hat sie dem Umstande zu verdanken, daß sie mit äußerst primitiven Mitteln betrieben werden kann, aber mit einem ziemlich bedeutenden Verlust an
Rohstoffwerten verbunden ist. Diese Kleinindustrie war es, die bis vor

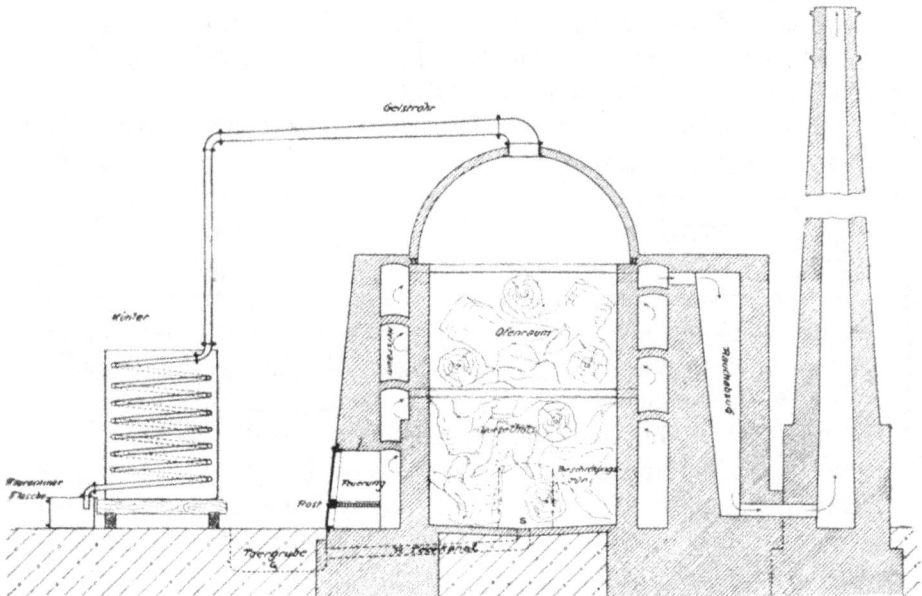

Abb. 65. Polnischer Kienholzdestillierofen (Schema).

dem Kriege das sog. russische oder polnische Kienöl auf den europäischen Markt warf. Dieses Kienöl wurde dann vornehmlich in Deutschland und Österreich-Ungarn auf ein, dem normalen amerikanischen
oder französischen Terpentinöl nach Möglichkeit nahestehendes Produkt aufgearbeitet und der Lackindustrie zugeführt.

    Die Kienholzdestillation erfolgt auf folgende Art und Weise:
Inmitten eines Weißkieferwaldschlages, aber möglichst nahe zu einem
Bache, wird ein Raum von ca. 80 bis 150 m² geglättet und geebnet
und darauf tunlichst unweit vom Hause des Destillators ein in Abb. 65
skizzierter Ringofen aus Ziegeln, gewöhnlich sehr primitiver Bauart,
aufgestellt. Der Innenraum eines solchen Ofens, der zwischen 25 bis

70 m³ faßt, wird durch eine entsprechende, hernach jedesmal zuge-
mauerte Öffnung mit Stockholz gefüllt und nach Tunlichkeit mit Lehm
gut dicht verschlossen. Der äußere Ringraum wird mit Astholz geheizt;
die Heizgase erwärmen die Innenräume des Ofens, wodurch zuerst
die natürliche Feuchtigkeit des Holzes verdampft wird, welche. aber
zugleich in großen Mengen das im Stockholz vorhandene Terpentinöl
mit sich reißt, so daß in der ersten Betriebsperiode hauptsächlich
mit Wasser gemischtes Terpentinöl aus dem oben am Helm des Ofens
aufgesetzten, oft auf sehr einfache Art und Weise abgedichteten
Kupferrohr in den Kühler tritt. Der Kühlmantel des Kühlers selbst
wird aus einem nahen Bache oder aus dem stets vorhandenen Brunnen
gespeist. Das gekühlte Destillat wird endlich in einer Florentinerflasche aufgefangen und das gelbbraune, ölige, obenauf schwimmende
Produkt, das sog. Kienöl, von der wässerigen Flüssigkeit, dem sog.
Essigwasser, getrennt. Das Essigwasser ließ man als solches lange Zeit
unbenutzt verlaufen, jetzt aber wird es nach entsprechender Neutralisation als essigsaurer Kalk verwertet; das ölartige, stechend riechende
Produkt kam und kommt als Kienöl, russisches Terpentinöl usw.
in den Handel. Dieses Produkt ist kein reines Terpentinöl, sondern ein
hell- bis dunkelbraunes Öl, das zwar in der Hauptmenge Terpene enthält, aber dadurch, daß die Wärme ungleichmäßig vom Ofenrand in
das Ofeninnere dringt, mit Holzverkohlungsprodukten (Phenole, Teer
usw.) stark vermengt ist, da sich diese Produkte aus den sich bereits
dann verkohlenden Stockholzteilen am Ofenrande bilden, als das Holz
im Ofeninnern noch kaum auszutrocknen Zeit und Gelegenheit hatte.
Nach dem Verdampfen des Kienöls, oder aber schon gegen das Ende
der Kienöldestillationsperiode, beginnt am entsprechend konisch ge-
formten Ofenboden das Holzteer durch Ausschmelzen des Harzes
aus dem erhitzten Holz sich zu sammeln. Es sammelt sich natürlich
ein mit Holzverkohlungsprodukten stark versetztes, harzartiges, zäh-
flüssiges Produkt am Ofenboden, da auch hier sich zu dem ursprünglich
aus der Ofenmitte aussinterndem Harz die Verkohlungsprodukte des
am Ofenrande befindlichen Holzes und pyrogene Spaltungsprodukte
des Kolophoniums gesellen. Aus der nach unten gerichteten Flach-
kegelspitze S des Ofenbodens leitet ein entsprechend breites Rohr R
mit gutem Gefälle den Holzteer in die Teergrube G. Aus dieser Grube
wird dann der Teer vom Kienölbrenner sorgfältig ausgeschöpft und
in Fässern gefüllt verkauft. Es kommt als Kienholzteer in den Handel
und dient als solches zum Kalfatern von Stricken, zum Bestreichen von
Flußfahrzeugen, dann in der Veterinärmedizin, zu Teerseifen, aber

auch zur Raffination usw. In seltenen Fällen wird es auch zur Herstellung von Guajakol in den chemischen Fabriken verwendet. Er repräsentiert einen drei- bis viermal höheren Wert als Laubholzteer. Mancher Kienöldestillateur hat genügende Kunstfertigkeit, um die in der ersten Periode des Teerflusses resultierenden Produkte direkt aufzufangen. Diese Produkte enthalten einen gewissen, nicht unbedeutenden Prozentsatz an Destillationsprodukten von Harz, das sog. Harzöl oder Stocköl; dieses gibt bekanntlich mit Kalk verseift unter Zusatz von Mineralöl die Wagenfette. Auch der Kienölerzeuger weiß dies und macht hie und da eine etwas zähe, aber von den Bauern der Umgebung allgemein verwendete Wagenfette aus dem in dieser bestimmten Periode der Destillation herausschwellenden Teerprodukt.

Je größer ein Ofen ist, um so länger dauert dessen Destillationsperiode, die gewöhnlich zwischen 3 bis 4 Wochen schwankt. Bei den großen Öfen greifen auch die Erzeugungsperioden der einzelnen Produkte viel weniger aufeinander über, so daß die einzelnen Produkte weit besser zu trennen sind. So gelingt es bei einem ca. 70 m³ fassenden Ofen in Lesniczowka, unweit Cholm (Ö. u. U. Mil. G.-G. Lublin), ein schönes, kaum zitronengelbes, mild riechendes Kienöl zu gewinnen, das vom Erzeuger noch an der Sonne gebleicht wird und das fast als Terpentinöl bezeichnet werden kann.

Die Ausbeuten der einzelnen Produkte aus diesen Öfen sind verschieden und hängen stark von der Geschicklichkeit desjenigen ab, der die Öfen betreibt. Die Stockholzbrennerei wird in Russisch-Polen von einzelnen Familien, meist Juden, betrieben: Das Gewerbe vererbt sich von Vater auf Sohn, und bildeten sich mit der Zeit eine Reihe von Erzeugungskniffen heraus, die von den einzelnen Brennern als Familiengeheimnis sorgfältigst gehütet werden. Man erhält aus einem Raummeter Stockholz gewöhnlich zwischen 3 bis 8 kg Kienöl und zwischen 55 und 65 kg Teer.

Nach Vollendung der Betriebsperiode des Ofens, die, wie oben bemerkt, nach Wochen zählt, wird eine gewisse Abkühlungsperiode eingeschaltet und die zurückbleibende Holzkohle, etwa 1 Mtzr. pro Raummeter Holz, gewonnen.

Außer diesen gemauerten Öfen werden auch eiserne Retortenöfen für die Zwecke der Stockholzverkohlung verwendet. Diese stehen hauptsächlich in Schweden und Finnland in Gebrauch, man findet sie aber hie und da auch in Polen und Rußland. Ihr Betrieb erfolgt ungefähr nach demselben Schema wie der Betrieb der gemauerten Öfen, bietet aber diesen gegenüber die bekannten Vorteile der Holzverkohlung in geschlossenen Apparaten gegenüber der Holzverkohlung in Meilern. (Bessere Ausbeute flüssiger und flüchtiger Destillationsprodukte usw.)

Wie aus obigem ersichtlich ist, bilden die Terpene des Kienöls dessen wertvollsten Bestandteil, und ist es die Aufgabe der entwickelten chemischen Industrie Mitteleuropas geworden, aus den Halbfabrikaten der Kienholzverkohlung diese Terpene als marktfähiges Industrieprodukt (Terpentinöl) herauszuschälen. — Diese Aufarbeitung wird in folgendem in Kürze skizziert.

Sowohl das gewöhnliche Rohkienöl wie auch der Holzteer enthalten solche Terpene, das erstere ca. 60 bis 70%, das letztere kaum $1/_3$ dieser Menge. Aus beiden werden diese Terpene mittels einfacher Wasserdampfdestillation abgetrieben (Entteerung) und bilden ein Produkt in einer Dichte von ca. 0,86 bis 0,89 sp. G. und von gelber bis lichtbrauner Farbe; dies ist das, was man unter dem gewöhnlichen Ausdruck »Kienöl« versteht. Dieses Kienöl wird noch weiter raffiniert, während der Rückstand aus dem Rohkienöl und der nach der Wasserdampfdestillation zurückbleibende Anteil des Kienholzteeres als »Holzteer« (Nadelholzteer) in den Handel kommt. Abgesehen von den bereits berührten Verwendungsgebieten wird dieser Holzteer vielfach als Anstrichmittel für Holz, für Imprägnierungszwecke usw. verwendet. Sein Handelswert wird infolgedessen auch mitbestimmt durch die Farbe, den ein solcher Holzteeranstrich auf Holz erzeugt. Auch in Rußland und Polen wird das Kienöl noch dadurch rektifiziert, daß man es mit Kalk mischt und dann mit Wasserdampf destilliert, wodurch ein Halbfabrikat, das sog. russische Terpentinöl, resultiert.

Das Kienöl hat eine äußerst mannigfaltige Zusammensetzung; es ist gelblich, riecht ziemlich stechend, aber terpenartig. Der stechende Geruch dürfte wohl dem nicht unerheblichen Gehalt an Diketonen und Allylalkohol zuzuschreiben sein. Die im Kienöl vorhandenen Bestandteile lassen sich einteilen in: 1. Terpene und 2. aliphatische resp. aromatische Kohlensauerstoffderivate (vgl. Aschan, Ztschr. f. angew. Chemie 1907, S. 1811).

Von Terpenen sind vorhanden: α-Pinen, β-Pinen, Sylvestren, Dipenten, Cymol und Sesquiterpene. — Cymol, das eigentlich kein Terpen ist, und speziell Dipenten sind durch thermische Umlagerung aus anderen Terpenen des Stockholzterpentinöls entstanden, wie dies seinerzeit Aschan und Hjelt (Chem. Ztg. 1894, S. 1566) dadurch nachgewiesen haben, daß sie zeigten, daß im Kienöl der Weißkiefer (aus Stockholzverkohlungsanlagen gewonnen) wohl Dipenten vorhanden ist, im Holzterpentinöl des Weißkieferstockholzes, das durch Dampfdestillation des Stockholzes gewonnen wurde, aber nicht. Wenn nun irgendein Terpentinöl Dipenten enthält, so kann daraus mindestens auf eine Beimischung von Kienöl geschlossen werden.

Außer den Terpenen sind im rohen Kienöl noch die Destillationsprodukte des Holzes, wie Essigsäure, Methylalkohol, Furanderivate, Furfurol, Diazetyl, Buttersäureester, dann Benzol, Toluol, Phenol und Guajakol vorhanden.

Ein als Ersatz für Terpentinöl zur Verwendung gelangendes Kienöl, das übrigens nur als »Terpentinöl« gehandelt wird, darf außer den obengenannten Terpenen keine anderen Beimischungen enthalten. Zu diesem Behufe muß es gründlich gereinigt werden, wozu aber das obenerwähnte Destillieren über Kalk, das wohl nur die Phenole und das Diazetyl entfernt, nicht genügt. Es haben sich mit der Zeit Verfahren ausgebildet, um ein möglichst mild riechendes Kienöl zu erzielen. Diese Verfahren bestehen der Hauptsache nach darin, daß das bereits entteerte (mit Dampf destillierte), ev. über Kalk einmal rektifizierte Kienöl zur Entfernung der leichtsiedenden Bestandteile etwa einmal durch einen Kolonnendestillationsapparat derartig destilliert wird, daß die unter 150° siedenden Bestandteile getrennt aufgefangen werden. Diese enthalten die flüchtigen, empyrheumatischen Produkte.

Der über 150° siedende Anteil, der über 80 bis 90% des Gesamtkienöls ausmacht, wird nun gründlichst mit verdünnter Natronlauge und verdünnter Schwefelsäure gewaschen, um endlich im Vakuum nochmals destilliert zu werden.

Die Waschung des bereits vorgereinigten Kienöls erfolgt zuerst mit Natronlauge im entsprechenden Apparat, der entweder mit vorzüglich wirkenden Rührwerken versehen ist oder in geschlossenen Gefäßen, durch Einblasen oder Durchsaugen von Luft mittels eines Kompressors, welcher das Durchwirbeln der Waschflüssigkeit nach Tunlichkeit zu besorgen hat. Die Konzentration und die Menge der anzuwendenden Natronlauge hängt von der verwendeten Kienölqualität ab; die Natronlauge hat zur Hauptaufgabe, die im Kienöl noch vorhandenen, ziemlich hochsiedenden Phenole und Phenolderivate zu entfernen. Die Natronlauge wird durch Dekantation vom Öl getrennt.

Nach der Natronlauge erfolgt eine Waschung mit verdünnter Schwefelsäure im selben Apparat. Diese Behandlung hat den Zweck, die im Kienöl vorhandenen Aldehyde und Furane zu verharzen und die ungesättigten Kohlenwasserstoffe zu entfernen. Jedoch darf keine zu konzentrierte Schwefelsäure angewendet werden, da diese auch auf die Terpene zerstörend, etwa verharzend wirken kann. Die Schwefelsäure fließt ganz schwarz ab und wird durch Dekantation vom terpenhaltigen Öle getrennt.

Nach dieser Behandlung empfiehlt es sich, mit einer verdünnten Lösung eines energischen Oxydationsmittels die noch im Öle vorhandenen ungesättigten Verbindungen der Fettreihe zu entfernen. Hierzu eignet sich ganz besonders eine verdünnte Chromsäurelösung. Auch die Behandlung mit einer Kaliumpermanganatlösung für diese Zwecke wurde empfohlen (DRP. Nr. 170542, Heber), ebenso wie die Verwendung ozonisierter Luft (DRP. Nr. 202254, Pellnitz).

Das so gewaschene Kienöl wird nun nochmals mit verdünnter Natronlauge nachgewaschen und in einem bereits im Kapitel VIII für Rohharzdestillation geschilderten Vakuumdestillationsapparat, der ev. mit einer gutwirkenden Rektifikationskolonne versehen ist, mit Dampf und Vakuum abdestilliert. Das so gewonnene Destillat bildet schon bei einer Reihe von Kienöl verarbeitenden Fabriken das fertige Handelsprodukt und kommt, da es schön weiß ist und auch sonst dem Terpentinöl (bis auf dem Geruch, der verwandt, aber nie ähnlich ist) nahe steht, als »Terpentinöl«, »russisches« oder »polnisches Terpentinöl« usw. in den Handel.

Noch höheren Ansprüchen dürfte aber dasjenige Produkt genügen, welches außer den obengeschilderten Operationen noch so behandelt wurde, daß die darin noch etwa enthaltenen oxydierten Terpene oder Terpenderivate reduziert oder entfernt werden. Hierzu wird das wie oben gewonnene Produkt entweder über Alkali oder Erdalkalimetall (DRP. Nr. 180499, Hesse) oder über Zinkstaub (DRP. Nr. 204392, Ahlers) im Vakuum destilliert. Hierzu muß es aber zuerst über Ätzkalk getrocknet werden. Denselben Zweck wie die Behandlung mit Alkalimetallen versucht Schindelmeiser laut einem DRP. Nr. 239546 durch Behandlung des Kienöls mit Ammoniak oder Zyaniden zu erreichen.

Gut rektifiziertes Kienöl ist dem gewöhnlichen Terpentinöl sehr ähnlich. Die Dichte schwankt zwischen 0,860 und 0,875; bei der Destillation geht ein geringerer Anteil unter 160⁰ und ein größerer gegen 170 bis 180⁰ über wie bei Terpentinöl, eben wegen dem höheren Dipentengehalt des Kienöls. Der Brechungsexponent N_{D20} ist ca. 1,480. Der Geruch ist mehr fenchel- und zitronenartig als fichtenartig wie bei Pinen.

In der Praxis ist zu bemerken, daß Kienöl weniger rasch und weniger gut eintrocknet als Terpentinöl, da dessen Terpene weniger reaktive Doppelbindungen haben, so daß eine Sauerstoffanlagerung weniger oder langsamer zustande kommt. Dies ist speziell bei der Verwendung für Lackfabrikationszwecke in Betracht zu ziehen. Zur Herstellung von Isopren (Rohstoff für künstlichen Kautschuk) eignet sich hingegen Kienöl vorzüglich infolge seines Dipentengehaltes.

Zwölftes Kapitel.

Die Kolophonium und Terpentinöl verarbeitenden Industrien.

Die in den vorhergehenden Kapiteln beschriebenen Verfahren gestatten die Erzeugung von Produkten, die im weitestgehenden Maße anderen Industrien als Hilfsstoffe und Rohmaterial dienen. Der Verbrauch des Deutschen Reiches beträgt an Kolophonium zirka 8000 Waggons, an Terpentinöl ca. 2000 Waggons; derjenigen von Österreich-Ungarn ca. 3000 Waggons Kolophonium und 800 Waggons Terpentinöl jährlich im Frieden.

Die Hauptverbraucher des Kolophoniums als Rohstoff sind die Papierindustrie, die Brauereiindustrie, die Lackfabrikationsindustrie, die Munitionsindustrie, die Seifenindustrie, die Kabelindustrie und eine Reihe kleiner Industrien, die man gewöhnlich unter dem Namen chemisch-technische Fabrikationsindustrie zusammenfaßt. Außerdem wird aber sowohl das Kolophonium wie auch das Terpentinöl in einer Reihe von Industrien auf weitere Produkte umgearbeitet, von welchen hier, wenn auch nur andeutungsweise, einiges gesprochen werden soll.

Das Kolophonium wird speziell 1. durch trockene Destillation auf Pinolin, Harzöl und daraus auf Wagenfett, 2. durch Neutralisation mit verschiedenen Metalloxyden auf die sog. »Sikkative«, Trockenstoffe (Sauerstoffkatalysatoren) der Lackindustrie, umgearbeitet.

Das Terpentinöl dient, abgesehen von dessen Verwendung in der Lackfabrikation und Schuhcremeerzeugung, die noch immer stark überwiegt, als Rohmaterial für eine Reihe ganz moderner chemischer Industrien: 1. in der Industrie der künstlichen und synthetischen Riechstoffe, 2. in der Industrie des synthetischen Kampfers, 3. in der allerdings nur noch im Anfangsstadium befindlichen Industrie des synthetischen Kautschuks.

Die Weiterverarbeitung des Kolophoniums durch trockene Destillation. Hierzu wird das Kolophonium in großen, schweren, gußeisernen Kesseln zuerst mit offenem Mannloch geschmolzen, dann der Kessel geschlossen und der Inhalt zwischen 270 und 380° überdestilliert. Man unterscheidet hauptsächlich als Destillationsprodukte, von sehr wenig Essigsäure abgesehen (Sauerwasser): 1. Pinolin, 2. Harzöl. — Die Destillation wird solange fortgesetzt, bis 3 bis 5% des ursprünglichen Produktes inder Blase zurückbleiben; dieser Rückstand, ein Pech, wird dann als sog. Schusterpech, Marinepech, Faßpech usw. mit anderen Pechsorten gemischt verwendet. Unter Pinolin oder Harzessenz versteht man die ersten Fraktionen obiger Destillation (spez. Gew. 0,90 bis 0,91). Diese Harzessenz wird wieder über Kalk destilliert und wie Kienöl mit Natronlauge und Schwefelsäure gewaschen resp. raffiniert, wodurch ein dem rektifizierten Kienöl sehr ähnliches, wasserhelles, gutriechendes Produkt (spez. Gew. 0,865) resultiert, das auch als Beimischung zum Terpentinöl glatt angewendet werden kann. Das Hauptprodukt der Destillation, die Harzöle, die bis zu 70% der Destillationsprodukte ausmachen, sind schwerflüssige, saure Produkte, die fast ausschließlich für Schmierzwecke verwendet werden. Das Haupthandelsprodukt, das daraus erzeugt wird, sind die Wagenfette. Man unterscheidet Blondöle, Grünöle und Blauöle.

Die Harzöle werden auf Wagenfett derart verarbeitet, daß sie mit Kalk in der Wärme zu Kalkseife verseift werden. Die Kalkseifen werden dann in verschiedenem Verhältnis Gemischen von dünnen Harzölen und Mineralölen mit Füllstoffen, z. B. Schwerspat, zugesetzt. Auch können sie in Kombinationen mit Ölgoudron (entbenzinierter Petroleumrückstand) verarbeitet werden.

Abgesehen von ihrer Verwendung als Wagenfett, können die Harzöle zu Maschinenölen zugesetzt werden, sowie zur Herstellung von Druckerfarben und Firnissen dienen, jedoch ist deren Verbrauch in diesem Verwendungszweig gegenüber der Wagenfetterzeugung gering.

Die Verarbeitung des Kolophoniums auf Sikkative. Ein zweiter Industriezweig, der das Kolophonium als Ausgangsmaterial benützt und zu einer Großindustrie sich entwickeln konnte, ist die Herstellung der Sikkative für die Lackindustrie. — Die Lackindustrie verwendet zur Beschleunigung des Eintrocknens von Firnissen zwei Haupttypen von Trockenmitteln (Sikkativen): 1. leinölsaure Metallsalze; 2. harzsaure Metallsalze. Die leinölsauren Metallsalze sind meistens sehr dunkel, da sie nur hergestellt werden können, indem Leinöl, ein Glyzerid, stundenlang mit den entsprechenden

Metalloxyden gekocht wird, währenddessen ja doch das Metalloxyd
noch verseifend wirken muß. Bei den harzsauren Metallsalzen, die
rasch durch Neutralisation einer Säure (Abietinsäure) bei verhältnismäßig niederer Temperatur mit den Metalloxyden erzeugt werden,
tritt eine Beeinflussung der Farbe durch die Temperaturwirkung
weniger auf, wodurch die harzsauren Sikkative sich eines gewissen
Vorteiles erfreuen. Die Erzeugung der harzsauren Metallsalze erfolgt
nach zwei typisch voneinander verschiedenen Arten: entweder a) durch
Lösen des Kolophoniums als abietinsaures Alkalisalz in wässeriger
Lösung und Umsetzen eines leichtlöslichen Salzes des betreffenden
Schwermetalles, dessen Salz man zu erzeugen wünscht, oder b) durch
Schmelzen von Kolophonium und Zusatz der entsprechenden Mengen
Schwermetalloxyde zum Schmelzfluß.

Die Erzeugung der harzsauren Sikkative nach dem letzteren, dem
Schmelzverfahren, erfolgt derart, daß größere Mengen Kolophonium
auf über 110° erhitzt werden, und man 10% des Kolophoniumgewichtes
an Bleiglätte oder 4 bis 5% des Gewichtes an Braunstein usw. zusetzt
und unter Temperatursteigerung bei über 220° die Masse solange um-
rührt, bis alles Oxyd aufgelöst erscheint; gewöhnlich kommt für die Erzeugung mittels Schmelzflusses nur die Herstellung von harzsaurem
Blei, harzsaurem Mangan und harzsaurem Bleimangan in Betracht.

Auf dem Fällungswege erfolgt die Herstellung dieser Produkte
derart, daß man z. B. Kolophonium, das mit ca. 11 bis 13% seines
Gewichtes an Ätznatron ein neutrales Salz gibt, zu einer 4- bis 5proz.
Lösung von abietinsaurem Natron auflöst (z. B. 100 kg Kolophonium,
15 kg 75proz. Ätznatron, 400 bis 450 kg Wasser mit direktem Dampf
geheizt) und in diese lauwarme Lösung eine lauwarme Lösung von
entsprechendem Schwermetallsalz zugießt. (Im obigen Fall z. B.
100 kg Bleiazetat in 480 kg Wasser bei Siedepunkt gelöst [für Blei-
resinat].) Die Fällung erfolgt in einem mit Rührwerk versehenen
Holzbottich. Die Fällung wird absitzen gelassen, die Flüssigkeit ab-
dekantiert und der Rückstand mit Wasser ausgesüßt, auf eine Nutsche
oder in eine Filterpresse gebracht, vom Wasser mechanisch befreit und
endlich nach wiederholter Aussüßung getrocknet. Das Produkt kommt
als gefälltes Resinat in den Handel; es enthält gewöhnlich mehr Schwer-
metalloxyd als das gleiche geschmolzene Resinat, ist auch etwas wirk-
samer, jedoch schwerer in den entsprechenden Lacklösungsmitteln
löslich. Seiner helleren Farbe halber dürfte es wohl nur in einigen
Spezialprodukten vorgezogen werden. Als gefällte Resinate werden
hergestellt: Blei-, Mangan-, Kobalt- und Zersalze, die als Sikkative

wirken sollen und welche in Lacklösungsmitteln, z. B. Terpentinöl, Benzin, Benzol usw. aufgelöst oder aufgeschlemmt in geringem Prozentsatze den Lackanstrichen zugesetzt werden.

Kobalt- und Cerabietinat wurde erst in den letzten Jahren in diese Industrie eingeführt. Gefällte Resinate kommen noch für Unterwasserfarben in Betracht, wobei sie nach Tunlichkeit giftig wirkende Metallionen enthalten sollen, so z. B. Kupfer-, Quecksilberresinat (vgl. Kap. I).

Die Verarbeitung des Kolophoniums auf Brauerpech erfolgt derart, daß das Kolophonium in einem Doppelmantelkessel geschmolzen mit 10 bis 20% seines Gewichtes an Paraffinöl oder gereinigtem, möglichst geruchlosem Harzöl gemischt wird.[1])

Die Verarbeitung des Terpentinöls in der Riechstoffindustrie erfolgt hauptsächlich auf das Terpineol. Das Terpineol, $C_{10}H_{18}O$, ist eigentlich ein Hydrat des Dipentens (vgl. Kapitel I). Seine Darstellung erfolgt, indem man zuerst Terpinhydrat herstellt. Dieses wird dadurch erzeugt, daß man das Terpentinöl mit angesäuertem Wasser oder angesäuertem wässerigen Alkohol stehen und dann auskristallisieren läßt. Das Produkt kristallisiert sehr leicht, kann ausgeschleudert und gewaschen werden und wird als Hustenmittel in ziemlich großen Mengen in der Pharmazie verwendet. Läßt man auf reines Terpinhydrat Oxalsäure oder Phosphorsäure einwirken (vgl. Ber. d. D. Chem. Ges. 1894, Bd. 27, S. 443), so entsteht das bei ca. 69 bis 70⁰ schmelzende Terpineol, das einzig in der Industrie verwendete Isomere der drei isomeren Terpineole. Das Terpineol wird in der Riechstoffindustrie in großen Mengen, speziell zum Parfümieren von Seifen, angewandt, da es alkalifest ist. Sein Geruch (Fliedergeruch, Maiglöckchengeruch) wird durch Zusatz von Piperonal, Vanillin usw. wunschgemäß nuanciert.

Ein zweites Hauptprodukt, wozu Terpentinöl großindustriell aufgearbeitet wird, ist der synthetische Kampfer. Als im Jahre 1904 im russisch-japanischen Kriege der Kampferimport ins Stocken geriet und die Inhaber des japanischen Kampfermonopols (die englische Firma Samuel Brothers in London) die Preise zu einer Höhe steigen ließen, die den früheren Wert um das 4- bis 6fache übertraf, setzte die Industrie des synthetischen Kampfers ein. Diese konnte in einem Jahrfünft derart erstarken, daß hernach auch die gefallenen Preise des natürlichen Kampfers den Wettbewerb mit dem synthetischen Produkt nicht mehr ganz erfolgreich aufnehmen konnten.

---

[1]) Die Schilderung anderer Verarbeitungsindustrien des Kolophoniums würde zu weit führen und gehört auch nicht in den Rahmen dieses Werkes.

Die Verfahren, mittels welcher der synthetische Kampfer ausschließlich aus dem Pinen des Terpentinöles hergestellt wird und welche, da sie fast alle patentiert sind, nicht Allgemeingut der Technik sind und die hier nur schematisch angedeutet werden, gliedern sich in zwei Hauptgruppen: 1. Diejenigen Verfahren, welche zuerst durch Behandlung des sorgfältigst fraktionierten und vorgereinigten Pinens mit kaltem, trockenem Chlorwasserstoffgas das Pinenhydrochlorid herstellen und dieses mit entsprechend gelinden, alkalisch wirkenden Stoffen (Arylamine, Seife usw.) in Kamphen überführen, um letzteres nach dem Bertram-Wahlbaum-Verfahren zu Bornylestern resp. Isobornylestern umzusetzen; diese Ester werden nachher verseift und das entstandene Borneol resp. Isoborneol zu Kampfer oxydiert. 2. Diejenigen Verfahren, welche den Umweg über das Pinenhydrochlorid vermeidend derart zum Bornyl- resp. zum Isobornylester gelangen, daß das Pinen, das gar nicht sehr sorgfältig isoliert zu sein braucht, mit wasserfreien Säuren (Oxalsäure, Salizylsäure, Chlorbenzoesäure, Ameisensäure) auf höhere Temperatur erhitzt wird, wodurch sofort, zwar zu einem nicht zu hohen Prozentsatze, die entsprechenden Ester des Borneols resp. des Isoborneols entstehen. Diese werden verseift, die Säure regeneriert und der Terpenalkohol zu Kampfer oxydiert.

Beide Verfahren werden speziell im Deutschen Reiche im Großbetriebe ausgeführt. Einen gewissen Ruf genießt die nach dem erstbeschriebenen Verfahren erfolgende Herstellung des synthetischen Kampfers bei der Firma Schering in Berlin; hier wird das Pinenhydrochlorid mit Seife (d. h. fettsaurem Natron) in Kamphen übergeführt. Nach dem zweiten Verfahrentypus arbeitete die chemische Fabrik van Heyden in Radebeul bei Dresden. Sie verwendete Salizylsäure zur direkten Überführung von Pinen in Bornylester.

Nach beiden Verfahren resultiert als Nebenprodukt in verschiedener Ausbeute Dipenten, entweder als Hydrochlorid oder als Terpen, da die Addition der Säuremolekel an die Doppelbindungen des Pinens nicht nur so erfolgt, daß ausschließlich die Kamphenderivate (Bornyl- resp. Isobornylester) resultieren (vgl. Tafel: Schema der Kamphersynthesen, Addition bei B), sondern auch so, daß der Pinenvierring gesprengt wird (bei A). Das bei dem ersten Verfahren mitresultierende Dipentenchlorhydrat wird mit billigen Alkalien auf Dipenten umgesetzt und letzteres als »regeneriertes Terpentinöl« in der Lackindustrie, ferner zur Herstellung von Terpinhydrat, zur Regeneration von Kautschuk, zur Herstellung von Isopren usw. benützt.

Die beiden Verfahrentypen, die zur Bildung von synthetischem Kampfer aus Pinen führen, können schematisch etwa wie folgt dargestellt werden:

1. Verfahren mit Halogenwasserstoffsäuren-Einwirkung. Die Säure addiert sich sowohl an der Brückenbindung bei A (vgl. Tafel), wie auch bei der Doppelbindung bei B.

2. Verfahren mit Einwirkung von organischen Säuren: Die Addition erfolgt genau so wie bei Verfahren 1.

Die Herstellung des synthetischen Kautschuks ist die dritte Verwendungsmöglichkeit des Terpentinöls in der chemischen Großindustrie. Diese Verfahren sind noch weniger bekannt und werden noch sorgfältiger geheim gehalten als die Kampferverfahren. Das Prinzip dieser Industrie liegt in der Herstellung des Isoprens aus dem Terpentinöl und in der nachherigen Polymerisation dieses Isoprens zu Kautschuk (Polypren, Poly-Cyclooctadien). Das Isopren ist ein Semiterpen, ein Kohlenwasserstoff der Formel C_5H_8, seiner Zusammensetzung nach ein β-Methyldivinyl der Formel

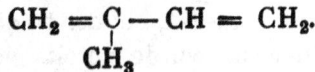

$$CH_2 = C - CH = CH_2.$$
$$\underset{CH_3}{|}$$

Das Isopren ist ein thermisches Zersetzungs- resp. Spaltungsprodukt des Dipentens und kann durch Spuren von Säuren zu Dipenten kondensiert werden.

(Vgl. Bouchardat, Comptes Rendus de l'Ac. des Sc. 1875 [Bd. 80], S. 1446; 1878 [Bd. 87], S. 654, endlich 1879 [Bd. 89], S. 361, S. 1117.)

Wird nun Pinen auf eine gewisse Temperatur erhitzt (vgl. Gildemeister und Hoffmann, Die ätherischen Öle, Bd. I der II. Ausg., S. 309), so geht es glatt in Dipenten über.

Werden Terpentinöldämpfe derart erhitzt, daß sie über eine auf Dunkelrotglut erhitzte Drahtspirale streichen (sog. Harriessche Isoprenlampe), und werden die so gewonnenen Dämpfe kondensiert, so entsteht ein Gemisch von Isopren und Dipenten. Vgl. Schorger u. Sayre, Journ. Am. Eng. Chem. 1915, Bd. 7, S. 924 bis 926, welche so aus Terpentinöl 8 bis 10% Isopren erhielten. — Das durch thermische Umsetzung aus Pinen entstandene Dipenten kann von dem schon bei 34° C sieden-

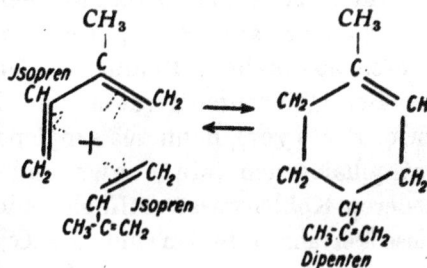

11*

den Isopren leicht getrennt und in den Kreislauf wieder eingeführt werden, da auch das Isopren aus dem intermediär gebildeten Dipenten entstanden ist.

Durch Erhitzung unter Druck, mittels Bestrahlung mit ultravioletten Strahlen, mittels Natriummetall, durch längeres Stehenlassen und andere sonstige Kondensations- resp. Polymerisationsmittel gehen mehrere Molekel Isopren in ein Polymerisationsprodukt, Dimethylcyclooctadien resp. Kautschuk, über, nach ungefähr folgendem Schema:

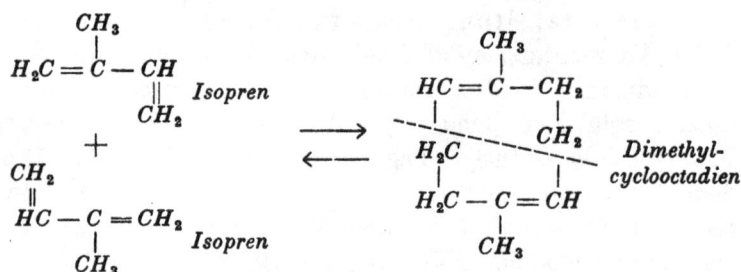

$$
\begin{array}{l}
\overset{\displaystyle CH_3}{\underset{\displaystyle \underset{CH_2}{\|}}{H_2C = C - CH}} \quad Isopren \\[2mm]
\qquad + \\[2mm]
\underset{\displaystyle \underset{CH_3}{|}}{\overset{\displaystyle \overset{CH_2}{\|}}{HC - C = CH_2}} \quad Isopren
\end{array}
\quad \overset{\longrightarrow}{\longleftarrow} \quad
\begin{array}{l}
\overset{\displaystyle CH_3}{HC = C - CH_2} \\
H_2C \qquad\quad CH_2 \quad \text{\it Dimethyl-} \\
H_2C - C = CH \qquad \text{\it cyclooctadien} \\
\qquad\quad CH_3
\end{array}
$$

Die Kondensation von Isopren zu kautschukartigen Substanzen, welche übrigens, wie oben bemerkt, bei der trockenen Destillation auch sehr reines Dipenten liefern, wurde bereits von Tilden beobachtet (Journ. Chem. Soc. 1884, S. 410). Der Chemismus der Isoprenpolymerisation zu Kautschuk, die Erkennung des Kautschuks als polymeres Dimethylcyclooctadien durch Herstellung der Ozonide usw. ist das große Verdienst von Harries (vgl. Ztschr. f. angew. Chemie 1907 (20), S. 1265).

Im letzten Jahrzehnt wurden, abgesehen von der Herstellung des Isoprens aus Pinen, verschiedene synthetische Verfahren für Isopren aus anderen Rohmaterialien bekannt. So von Fr. Hoffmann aus Bernsteinsäurederivaten und Pinakonderivaten (Farbenfabriken vorm. F. Bayer), dann aus Amylenen (Badische Anilin u. S. F.), aus Buthylhalogenen (Matthews und Strange), von Heinemann aus niederen Kohlenwasserstoffhalogeniden auf pyrogenem Wege, usw. — Diese Verfahren bilden mit die Grundlage der bereits immer intensiver in den Vordergrund der chemischen Forschung dringenden Kautschuksynthese. Es muß jedoch bemerkt werden, daß das synthetische Produkt noch nicht alle physikalischen Eigenschaften des Naturkautschuks besitzt.

Autorenregister.

(Vgl. auch unter Literatur S. 7.)

Ahlers 157.
Andés 32, 62, 68.
Aschan 155.
Austerweil 5.
Bergmann Torb. 2.
Bert 40.
Bertram u. Wahlbaum 14, 162.
Bilek 76.
Bittner 107.
Böhmerle 83.
Bouchardat 163.
Brache-Wieg 150.
Braconnot 150.
Brémontier 3.
Brunschwig Hieronymus 2.
Cieslar 29, 30, 76.
Claassen 150.
Cohn 15.
Col (Syst.) 92.
Cordus, Valerius 3.
Demuth 150.
Dioscorides 1.
Duchemin 40.
Fahrion 15, 16.
Fialkowsky 3.
Flechsig 150.
Foth 151.
French u. Withrow 5.
Gayer-Mayr 108.
Gellner 83.
Geßner, Konrad 2.

Gildemeister & Hoffmann 2, 3, 142, 143.
Gilmer 47, 55, 56, 57, 64, 69, 75, 77, 78, 79.
Gläser 114, 115.
Graecus, Marcus 2.
Harries 163, 164.
Heber 157.
Heinemann 164.
Hempel 33.
Hesse 157.
Heyden, v. 162.
Hjelt 155.
Hoffmann, Fr. 164.
Hoffmann, Forstr. 64.
Hörnig & Schubert 150.
Hughes 46, 43.
Hull 4, 142.
Janka 83.
Jedlinsky 44, 45, 75.
Jenikovszky 74.
Johnston 4.
Kalm, Peter 3.
Károlyi 74.
Kienitz 36, 37.
Kiby 150.
Klar 5.
Klason & Köhler 105.
Krämer-Sarnow 16, 123, 143.
Krug 142.
Kusel 46, 63, 65.

Kubelka 47, 57, 59, 71, 74, 75, 76, 94.
Leffler 4, 142.
Long 5.
Lonicer, Adam 2.
Lullus, Raymundus 2
Majocha & Vasic 5.
Maly 15.
Mayr 15, 61, 62.
Mathäus 31.
Mathey 31, 42, 43, 65, 108.
Matthews & Strange 164.
Merz 118, 132, 133, 140.
Mesue 2.
Michaux 3.
Miklitz 88.
Moeller 60, 61.
Nördlinger 83.
Pallas 86.
Paul 144.
Pellnitz 157.
Petraschek 48, 55, 57, 61, 69, 79, 85.
Plinius 1.
Pope & Davis 4.
Porta, J. B. 3.
Reichert 96, 98.
Ryff, Walter 2.
Saint Amand, Johann v. 2.
Samuel, Bros. 161.

Sachregister.

Kolophonium, aus Extraktionsbetrieben,
Erweichungspunkt 142, 143, 144, 145
— —, Nachhärtung 123, 138
—, Geschichtliches über — 1
— aus Schnittholz 145
— für Sikkative 159
—, Ursprung 15
—, Verwendung 19
— aus Wurzel- und Stockholz 106
—, Zusammensetzung, Formel 15
Kolophoniumextraktion aus Waldrück-
lässen 106
Kolophoniumprodukte aus der trockenen
Destillation 158
Korngröße des entharzten Holzkleins bei
der Zellstofferzeugung 146
— des Holzkleins, Einfluß auf die Ver-
wendbarkeit 112
— des Holzkleins bei d. Zerkleinerung 112
Kraftverbrauch bei der Zerkleinerung
von Wurzel- und Stockholz 110
Krummholz 20
Kubelkasches Harznutzungsverfahren
57, 58, 59
Kunstfirnis aus Fichtenkolophonium 105
Kupfersulphat 17
Kupferresinat als Unterwasserfarbe 161

Lache, Lachte 27, 29
Lachten 34
Lachtenform 34, 35
Lackfabrik 158
Landes 3, 40
Larix europaea D. C. 20
— decidua Mill. 20
Lärche 20
—, Einfluß der Harzung auf — 90
—, Harzfluß aus der — 24
Läuterung von Fichtenscharrharz 99
Latschenkiefer 20
Lebendharzung 41
Legföhre 20
Leinölsaure Metallsalze als Sikkative
159, 160
Leinölschicht, Eintrocknen 18
Leistung der Harzextraktionsanlage Ma-
laczka 107
— der Holzraspelmaschinen 113

Lerget, Gewinnung in Südtirol 31
Limonen, Eigenschaften, Konstanten,
Vorkommen 11
Limonennitrosochlorid 12
Limonentetrabromid 13
Limonetrit 12
Literatur (Harz) 7
Lochschläger für Harzsammleranbrin-
gung 74
Long-leaf Pine 5
Lösungsmittel, Rückgewinnung bei ro-
tierenden Extrakt.-Appar. 137
— bei der Wurzel- und Stockholzextrak-
tion 126, 130
Lucevina, Fackelholz 25
Lufttrockengewicht, Änderung infolge
Harzung 83

Maiglöckchenriechstoff aus Terpentinöl
161
Malaczkaer Harzextraktionsanlage 107
Manganresinat, Herstellung 160
Mangansalz der Abietinsäure 18
Marinepech 159
Maschinenöl aus Harzölen 159
Mayrsches Harzungsverfahren 61
Merkblatt für Hargewinnung 34
Merzscher Extraktor, Funktion 118, 119
— —, Vergleich mit rotierendem — 140
— — für Wurzel- u. Stockholzextrak-
tion 117, 118
Metallsalze (leinölsaure) 159
— (harzsaure) 159
Methylchavicol 13
Methyldivinyl 163
Moellersches Harzungsverfahren 60, 61
Motorbohrer 79
Munitionsfabrik 158

Nachbohren 78
Natriumbisulfat 126
Natronlauge 126, 146, 156
Natronzellstoff aus entharztem Holzklein
nach Ungerer 147
Natronzellstofferzeugung aus entharztem
Holzklein, in Stuppach 149
Neuverwundung bei der Fichte 24
Neuverwundungen bei der Kiefer 23, 24

HCl-Anlagerung bei B:

Schema der Synthesen über das Pinenhydrochlorid.

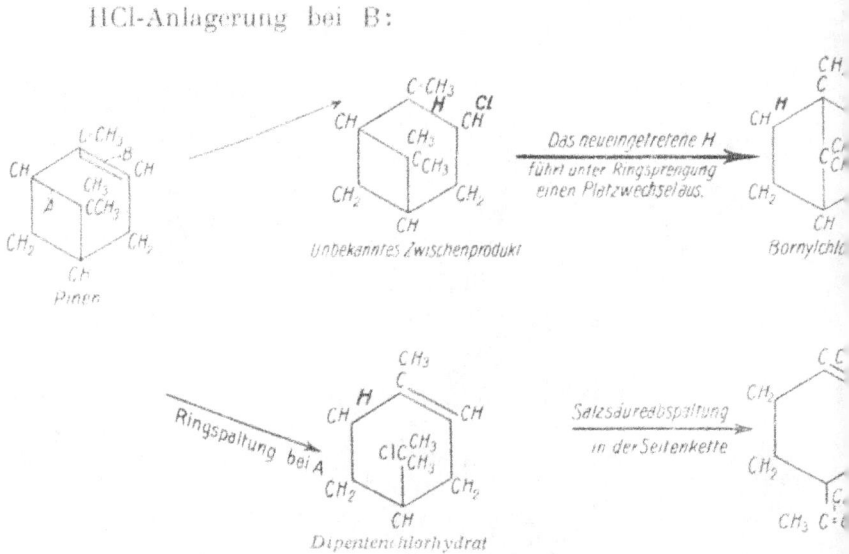

I.

Pinen

Unbekanntes Zwischenprodukt

Das neueingetretene H
führt unter Ringsprengung
einen Platzwechsel aus.

Bornylchlo

Ringspaltung bei A

Dipentenchlorhydrat

Salzsäureabspaltung
in der Seitenkette

Anlagerung bei B der Säure:

Schema der Synthesen mit Umsetzung der Pinenhydrochloridbildung.

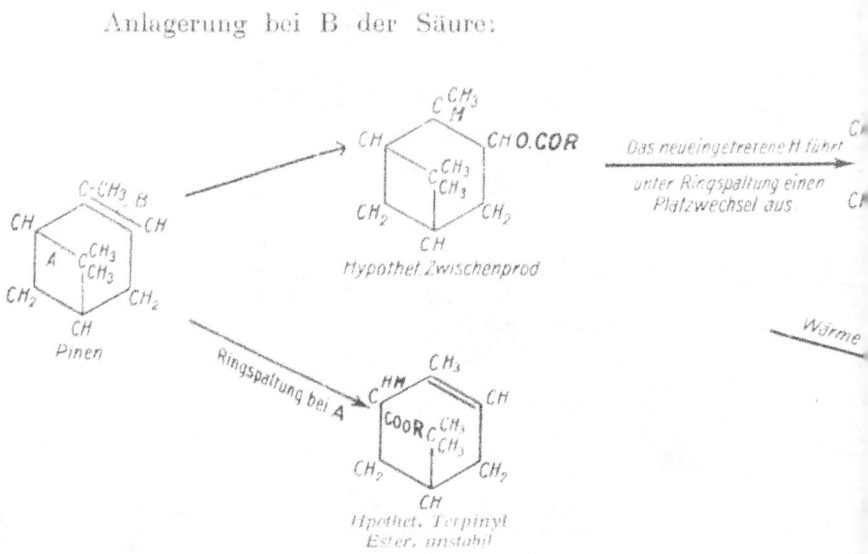

II.

Pinen

CH O.COR

Hypothet. Zwischenprod.

Das neueingetretene H führt
unter Ringspaltung einen
Platzwechsel aus.

Ringspaltung bei A

COOR

Hypothet. Terpinyl
Ester, unstabil

Wärme

ersynthesen.

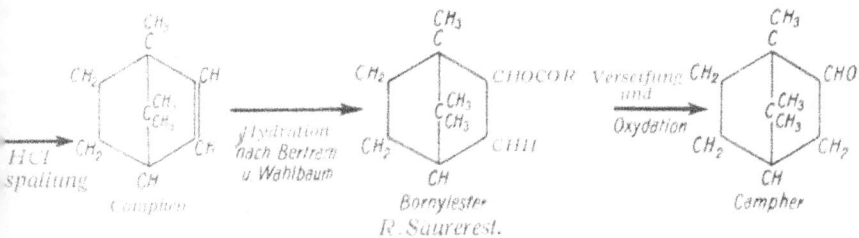

produkt.

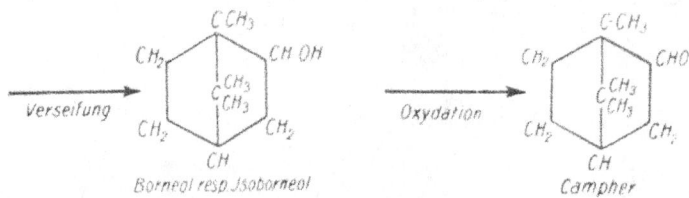

COR

Druck und Verlag von R. Oldenbourg in München.

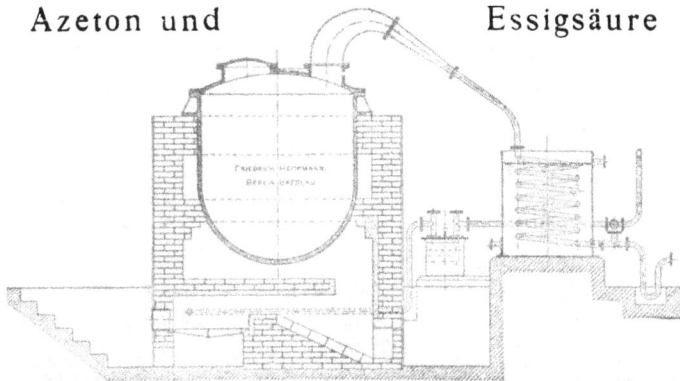

www.ingramcontent.com/pod-product-compliance
Lightning Source LLC
Chambersburg PA
CBHW081543190326
41458CB00015B/5632